U0178583

"十三五"国家重点出版物出版规划项目

岩石力学与工程研究著作丛书

矿柱失稳诱发矿区坍塌灾害
机理与评估

周子龙　陈　璐　赵　源　臧海智　著

科学出版社

北　京

内 容 简 介

矿柱是开采地下矿产资源时为支撑采区周围岩体而留设的暂时或永久性岩柱，对保障矿区安全起着至关重要的作用，本书以室内试验与理论分析为主，侧重矿柱群系统力学行为的研究，探究采空区坍塌灾害演化机理，研发矿柱群坍塌风险评估方法。

本书可供采矿工程、岩土工程、交通工程、水利工程等领域从事科研、设计、生产、施工与教学的人员参考，也可作为高等院校采矿与安全工程等相关专业的本科生和研究生的参考书。

图书在版编目（CIP）数据

矿柱失稳诱发矿区坍塌灾害机理与评估/周子龙等著. —北京：科学出版社，2022.3

（岩石力学与工程研究著作丛书）

"十三五"国家重点出版物出版规划项目

ISBN 978-7-03-071735-1

Ⅰ. ①矿⋯ Ⅱ. ①周⋯ Ⅲ. ①矿区–采空区–坍塌–灾害防治 Ⅳ. ①TD80-9

中国版本图书馆 CIP 数据核字（2022）第 036223 号

责任编辑：刘宝莉 / 责任校对：任苗苗
责任印制：师艳茹 / 封面设计：陈 敬

科学出版社 出版

北京东黄城根北街 16 号
邮政编码：100717
http://www.sciencep.com

北京九天鸿程印刷有限责任公司 印刷

科学出版社发行 各地新华书店经销

*

2022 年 3 月第 一 版 开本：720×1000 B5
2022 年 3 月第一次印刷 印张：12 1/2
字数：249 000

定价：135.00 元

（如有印装质量问题，我社负责调换）

"岩石力学与工程研究著作丛书"编委会

名誉主编： 孙　钧　　王思敬　　钱七虎　　谢和平

主　　编： 冯夏庭　　何满潮

副主编： 康红普　　李术才　　潘一山　　殷跃平　　周创兵

秘书长： 黄理兴　　刘宝莉

编　　委： （按姓氏汉语拼音排序）

蔡美峰	曹　洪	陈卫忠	陈云敏	陈志龙
邓建辉	杜时贵	杜修力	范秋雁	冯夏庭
高文学	郭熙灵	何昌荣	何满潮	黄宏伟
黄理兴	蒋宇静	焦玉勇	金丰年	景海河
鞠　杨	康红普	李　宁	李　晓	李海波
李建林	李世海	李术才	李夕兵	李小春
李新平	廖红建	刘宝莉	刘大安	刘汉东
刘汉龙	刘泉声	吕爱钟	潘一山	戚承志
任辉启	佘诗刚	盛　谦	施　斌	宋胜武
谭卓英	唐春安	汪小刚	王　驹	王　媛
王金安	王明洋	王旭东	王学潮	王义峰
王芝银	邬爱清	谢富仁	谢雄耀	徐卫亚
薛　强	杨　强	杨更社	杨光华	殷跃平
岳中琦	张金良	张强勇	赵　文	赵阳升
郑　宏	郑炳旭	周创兵	朱合华	朱万成

"岩石力学与工程研究著作丛书"序

　　随着西部大开发等相关战略的实施，国家重大基础设施建设正以前所未有的速度在全国展开：在建、拟建水电工程达 30 多项，大多以地下硐室(群)为其主要水工建筑物，如龙滩、小湾、三板溪、水布垭、虎跳峡、向家坝等水电站，其中白鹤滩水电站的地下厂房高达 90m、宽达 35m、长 400 多米；锦屏二级水电站 4 条引水隧道，单洞长 16.67km，最大埋深 2525m，是世界上埋深与规模均为最大的水工引水隧洞；规划中的南水北调西线工程的隧洞埋深大多在 400~900m，最大埋深 1150m。矿产资源与石油开采向深部延伸，许多矿山采深已达 1200m 以上。高应力的作用使得地下工程冲击地压显现剧烈，岩爆危险性增加，巷(隧)道变形速度加快、持续时间长。城镇建设与地下空间开发、高速公路与高速铁路建设日新月异。海洋工程(如深海石油与矿产资源的开发等)也出现方兴未艾的发展势头。能源地下储存、高放核废物的深地质处置、天然气水合物的勘探与安全开采、CO_2 地下隔离等已引起高度重视，有的已列入国家发展规划。这些工程建设提出了许多前所未有的岩石力学前沿课题和亟待解决的工程技术难题。例如，深部高应力下地下工程安全性评价与设计优化问题，高山峡谷地区高陡边坡的稳定性问题，地下油气储库、高放核废物深地质处置库以及地下 CO_2 隔离层的安全性问题，深部岩体的分区碎裂化的演化机制与规律，等等。这些难题的解决迫切需要岩石力学理论的发展与相关技术的突破。

　　近几年来，863 计划、973 计划、"十一五"国家科技支撑计划、国家自然科学基金重大研究计划以及人才和面上项目、中国科学院知识创新工程项目、教育部重点(重大)与人才项目等，对攻克上述科学与工程技术难题陆续给予了有力资助，并针对重大工程在设计和施工过程中遇到的技术难题组织了一些专项科研，吸收国内外的优势力量进行攻关。在各方面的支持下，这些课题已经取得了很多很好的研究成果，并在国家重点工程建设中发挥了重要的作用。目前组织国内同行将上述领域所研究的成果进行了系统的总结，并出版"岩石力学与工程研究著作丛书"，值得钦佩、支持与鼓励。

该丛书涉及近几年来我国围绕岩石力学学科的国际前沿、国家重大工程建设中所遇到的工程技术难题的攻克等方面所取得的主要创新性研究成果，包括深部及其复杂条件下的岩体力学的室内、原位实验方法和技术，考虑复杂条件与过程(如高应力、高渗透压、高应变速率、温度-水流-应力-化学耦合)的岩体力学特性、变形破裂过程规律及其数学模型、分析方法与理论，地质超前预报方法与技术，工程地质灾害预测预报与防治措施，断续节理岩体的加固止裂机理与设计方法，灾害环境下重大工程的安全性，岩石工程实时监测技术与应用，岩石工程施工过程仿真、动态反馈分析与设计优化，典型与特殊岩石工程(海底隧道、深埋长隧洞、高陡边坡、膨胀岩工程等)超规范的设计与实践实例，等等。

岩石力学是一门应用性很强的学科。岩石力学课题来自于工程建设，岩石力学理论以解决复杂的岩石工程技术难题为生命力，在工程实践中检验、完善和发展。该丛书较好地体现了这一岩石力学学科的属性与特色。

我深信"岩石力学与工程研究著作丛书"的出版，必将推动我国岩石力学与工程研究工作的深入开展，在人才培养、岩石工程建设难题的攻克以及推动技术进步方面将会发挥显著的作用。

2007 年 12 月 8 日

"岩石力学与工程研究著作丛书"编者的话

近 20 年来,随着我国许多举世瞩目的岩石工程不断兴建,岩石力学与工程学科各领域的理论研究和工程实践得到较广泛的发展,科研水平与工程技术能力得到大幅度提高。在岩石力学与工程基本特性、理论与建模、智能分析与计算、设计与虚拟仿真、施工控制与信息化、测试与监测、灾害性防治、工程建设与环境协调等诸多学科方向与领域都取得了辉煌成绩。特别是解决岩石工程建设中的关键性复杂技术疑难问题的方法,973 计划、863 计划、国家自然科学基金等重大、重点课题研究成果,为我国岩石力学与工程学科的发展发挥了重大的推动作用。

应科学出版社诚邀,由国际岩石力学学会副主席、岩土力学与工程国家重点实验室主任冯夏庭教授和黄理兴研究员策划,先后在武汉市与葫芦岛市召开"岩石力学与工程研究著作丛书"编写研讨会,组织我国岩石力学工程界的精英们参与本丛书的撰写,以反映我国近期在岩石力学与工程领域研究取得的最新成果。本丛书内容涵盖岩石力学与工程的理论研究、试验方法、试验技术、计算仿真、工程实践等各个方面。

本丛书编委会编委由 75 位来自全国水利水电、煤炭石油、能源矿山、铁道交通、资源环境、市镇建设、国防科研领域的科研院所、大专院校、工矿企业等单位与部门的岩石力学与工程界精英组成。编委会负责选题的审查,科学出版社负责稿件的审定与出版。

在本丛书的策划、组织与出版过程中,得到了各专著作者与编委的积极响应;得到了各界领导的关怀与支持,中国岩石力学与工程学会理事长钱七虎院士特为丛书作序;中国科学院武汉岩土力学研究所冯夏庭教授、黄理兴研究员与科学出版社刘宝莉编辑做了许多烦琐而有成效的工作,在此一并表示感谢。

"21 世纪岩土力学与工程研究中心在中国",这一理念已得到世人的共识。我们生长在这个年代里,感到无限的幸福与骄傲,同时我们也感觉到肩上的责任重大。我们组织编写这套丛书，希望能真实反映我国岩石力学与工程研究的现状与成果，希望对读者有所帮助，希望能为我国岩石力学学科发展与工程建设贡献一份力量。

"岩石力学与工程研究著作丛书"编委会

2007 年 11 月 28 日

前　　言

　　矿产资源是国民经济发展的基础和支柱。然而，地下资源开采后，会在矿区留下数量庞大、空间分布错综复杂的采空区群，有些矿山的采空区群分布可在垂深方向达到数百米、水平方向绵延数千米。随着时间的推移，矿岩承载能力持续弱化会造成采空区的失稳破坏。据调查，我国金属非金属地下矿山 70%的采空区存在不同程度的安全隐患，多数矿山长期遭受采空区坍塌困扰。为遏制采空区诱发的重特大事故，国务院安全生产委员会办公室专门印发了《金属非金属地下矿山采空区事故隐患治理工作方案》，要求坚持"分级管控、突出重点、综合治理、标本兼治"原则，加强采空区风险管控和隐患排查治理双重预防性工作机制建设，扎实推进金属非金属地下矿山采空区事故隐患综合治理工作。但受采空区赋存条件等因素影响，人们对采空区灾变机理和演化规律的认知还十分有限，更缺乏科学的坍塌灾害评估方法。因此，揭示采空区坍塌灾害机理，并探索采空区坍塌灾害识别与风险评估方法，将为采空区大规模坍塌灾害预测及防治提供支撑。

　　长期以来，矿柱的承载特征得到研究者的广泛关注，但就采空区承载体系而言，矿柱并不单独存在，采空区矿柱群的失稳破坏往往存在相互转移和传递的特点，在区域上能够发生"多米诺骨牌"式连锁反应，造成大范围坍塌。因此，采空区的稳定性研究应该突破单矿柱承载分析的局限，分析矿柱-顶板承载体系的力学行为，探索局部承载单元失稳后采空区大规模坍塌机理。此外，受赋存条件等因素影响，采空区各承载结构的力学参数均具有高度不确定性，采空区坍塌灾害的破坏程度往往难以定量分析，需考虑各承载单元的失稳概率，分析采空区坍塌风险。

　　面对复杂的采空区失稳问题，需遵循科学研究的普遍规律，由采空区坍塌现象分析其本质特征，从演化规律中凝练灾变机理。本书侧重采空区矿柱群系统力学行为的研究，分析矿柱-顶板体系的承载及失稳演化特征，提出矿柱群协同承载理论，研发风险评估方法，为采空区灾害防治提供科学依据，具有理论研究及工程应用价值。研究成果具有以下两个特色：一是构建复杂条件岩体力学性能测试、采空区体系协同承载及失稳演化研究的试验平台，实现从单一承载单元到双矿柱结构，再到采空区体系的"全结构链"研究；二是探索复杂条件下矿柱强度的分布特征，研发考虑荷载传递的矿柱群稳定性可靠度分析方法，并结合坍塌灾害的破坏程度，实现矿柱群坍塌风险的评估与区域风险等级的科学划分。希望这些成果能为从事相关工作的研究者和工程人员提供借鉴。

　　　本书总结了作者及研究团队近十年的科研成果，研究过程中得到了国家重点基础研究发展计划项目(2015CB060200)、国家自然科学基金优秀青年科学基金项目(51322403)、国家自然科学基金项目(41772313、52004036)、湖南省重点研发计划项目(2016SK2003)等的支持。本书所涉及内容的研究参考了众多专家、学者的成果，在此表示衷心的感谢。

　　　由于作者水平有限，书中难免存在不足之处，敬请读者批评指正。

目　　录

第1章 绪 论

　　矿柱是开采地下矿产资源时为支撑采区周围岩体而留设的暂时或永久性岩柱，起到支撑采空区周围岩体、保障采场稳定的作用。虽然出于提高回采率、减少资源浪费以及环境保护等目的，矿业界正在大力提倡充填采矿方法，但在几十年前，80%以上的矿山采用房柱法、空场法等开采方法。矿石被采出后，会在矿区留下数量庞大、空间分布错综复杂的采空区和矿柱群，部分矿山的矿柱群分布可在垂深方向达到数百米、水平方向绵延数千米。随着时间的推移，矿柱承载能力会逐渐降低，最终可能引发矿柱群失稳和矿山大规模坍塌灾害。例如，1960年1月20日发生在南非Coalbrook矿的一次矿难，老旧矿柱群失稳导致约3km^{2}的矿区坍塌，造成数百人遇难。类似事故时有发生，不仅会造成地下生产系统的损坏、地表塌陷，还会诱发水土流失、矿区生态环境破坏等次生灾害，对矿区经济发展和社会稳定造成极大的负面影响。

　　通常，矿柱群大规模坍塌灾害影响范围大，而且具有扰动诱发和"多米诺骨牌"式连锁反应等特点。以广东省大宝山矿区坍塌事故为例，该矿有上千年的开采历史，以房柱法开采为主，地下采空区与矿柱群层罗叠布，呈现蜂窝状。2004年6月12日8：15左右，爆破作业诱发局部矿柱失稳，在副井−458m、−470m、−485m三个中段232线～272线范围，岩体坍塌并向上部传递，造成附近几个开采中段先后贯穿。15：15左右，−500～−570m盲斜井大约在−540m标高处发生井筒坍塌。6月13日22：00左右、6月14日10：50左右，同一区域又接连发生失稳事故。6月17日10：30左右，−500～−570m盲斜井再次塌方，涉及−458m、−470m、−485m、−500m、−542m等多个中段，塌方垂直高度达84m。在−470m中段，冒落长度在东西方向平均为90m，在南北方向平均为120m；在−485m中段，冒落长度在东西方向平均为80m，在南北方向平均为120m；在−500m中段，冒落长度在东西方向平均为48m，在南北方向平均为90m。随后几天内，在矿区岩体应力重新平衡过程中，数十个中段持续发生坍塌事故，失稳岩体体积达到数千万立方米[1]。

矿柱失稳诱发矿区坍塌灾难如此触目惊心，已经引起国内外政府和企业的高度重视。2008 年以来，澳大利亚昆士兰州对 Ipswich 地区废弃矿山进行了系统的调查与稳定性评价，并对局部矿区进行了回填处理[2]。2016 年 6 月，我国国务院安全生产委员会办公室印发了《金属非金属地下矿山采空区事故隐患治理工作方案》通知[3]，要求 2016 年，全面完成全国金属非金属地下矿山采空区的调查和治理工程设计等工作，启动"三下"(水体下、建筑物下、铁路下)开采、石膏矿等影响大的非金属矿采空区、大面积连片和总体积超过 100 万 m³ 的采空区等重点治理项目。2017年，全面启动采空区事故隐患治理项目，基本完成"三下"开采、石膏矿等影响大的非金属矿采空区、大面积连片和总体积超过 100 万 m³ 的采空区治理任务。2018 年，基本完成采空区事故隐患治理任务，实现矿山企业对采空区的规范管理。

与此同时，研究者通过多年的努力，在单矿柱的承载及破坏特征、矿柱群体系失稳的影响因素及矿柱和围岩失稳监测与评价等方面取得了许多研究成果[4-7]。然而，地下工程矿柱与围岩的失稳灾害诱因多，失稳方式复杂，且人们对其发生机理和演化规律的认识十分有限，相关研究还以事故调查和原因推测为主。矿柱破坏引起的矿山区域性失稳具有传递性，往往成片破坏。其具体表现为：矿柱群中某一个或几个矿柱失稳后，力的传递等原因造成相邻矿柱相继失稳。此时，矿柱群体系应力场演化机制可能已经超越经典力学范畴，不能用单矿柱承载理论来解释，需要用系统学方法描述其行为特性。

1.1　矿柱失稳与矿区坍塌典型案例

1. 河北省邢台县尚汪庄石膏矿区案例

2005 年 11 月 6 日，河北省邢台县尚汪庄石膏矿区发生特别重大事故，不规范开采导致矿柱群失稳，诱发地表沉降，造成数十人死亡，另有几十人受伤，并有 88 间房屋倒塌，8 个竖井严重变形受损。如图 1.1 和图 1.2 所示，地表塌陷面积 5.3 万 m²，塌陷区呈 300m×210m 椭圆形，坍塌体积

24.3 万 m³，地表移动面积 24.5 万 m²，地面最大倾斜 95mm/m(约 7°)，最大错动量 1.5m，塌陷区中部最大下沉 8.0m[8]。

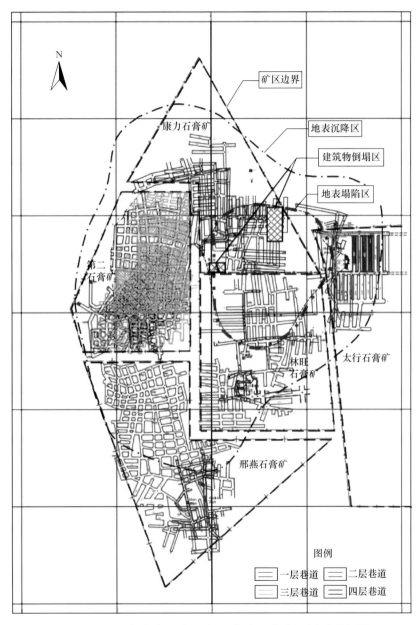

图 1.1　河北省邢台县尚汪庄石膏矿区分布及塌陷范围[8]

事故调查显示[8]，此次灾害发生的主要原因如下：

(a) 房屋倒塌

(b) 地表倾斜

(c) 地表裂缝

(d) 地表错层

图 1.2   矿区坍塌造成地表沉降及房屋损坏[8]

(1) 事故矿区的矿井之间无安全隔离矿柱，使事故规模和影响范围扩大。

(2) 矿柱没有达到符合长期稳定性要求的尺寸，处于不稳定状态，为事故萌生埋下了隐患。

(3) 矿房顶板出现单向发育拉裂缝，处于亚稳定状态，为事故的发展提供了前提条件。

(4) 多水平开采后，矿房顶柱被大面积遗留在采空区上方，营造了大范围采空区塌陷的可能。

(5) 采空区顶板关键层——灰岩层在采空区整体支撑能力下降 74% 以后，具备全局塌陷失稳力学条件。

2. 山东省平邑县万庄石膏矿区案例

2015 年 12 月 25 日 7：56，山东省平邑县万庄石膏矿区发生采空区坍塌，造成该矿区内玉荣石膏矿井下作业的数十名矿工被困。

如图 1.3 所示[9]，该矿区内万枣石膏矿与玉荣石膏矿相邻，且开采同一层矿体，两矿间的隔离矿柱为 40m，石膏原矿的抗压强度一般为 19.2～23.6MPa，其直接顶为砂质泥岩、粉砂岩与膏体层互层，分层厚度为 10～15m，单轴抗压强度仅为 3.18～5.3MPa，自然裸露状态下一般会随采随冒，但其碎胀性很小，冒落后不会充满采空区。基本顶为位于第四系下部的灰岩层，厚度为 30～200m、抗压强度为 63.6～108MPa，极限跨度大，具备积聚大量弹性能的客观条件。

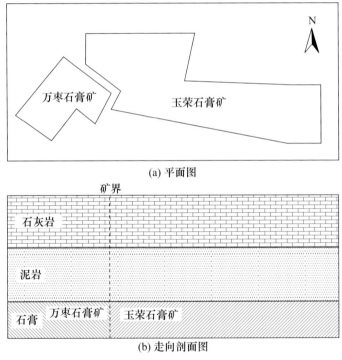

(a) 平面图

(b) 走向剖面图

图 1.3 万枣石膏矿和玉荣石膏矿的位置关系示意图[9]

事故调查显示[9]，万枣石膏矿采空区经过多年风化、蠕变，采场顶板垮塌不断扩展，使上覆巨厚石灰岩悬露面积不断增大，超过极限跨度后突然断裂，灰岩层积聚的弹性能瞬间释放形成矿震，诱发相邻玉荣石膏矿上覆石灰岩垮塌，井巷工程区域性破坏，是造成事故的直接原因。坍塌灾害形成机理如下：

(1) 从石膏矿层和顶底板围岩性能分析，随着时间的推移，采空区域

内矿房冒落和矿柱失稳在所难免。如图 1.4 所示[9]，矿床开采后，形成以

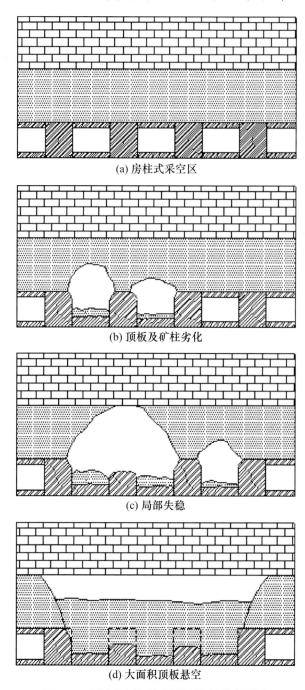

(a) 房柱式采空区

(b) 顶板及矿柱劣化

(c) 局部失稳

(d) 大面积顶板悬空

图 1.4　万庄石膏矿区坍塌机理示意图[4]

矿柱为主要支撑结构的矿柱-顶板承载体系，随着时间的推移，石膏体暴露在采空区内富含水的潮湿空气中，逐渐风化、剥蚀、吸水软化泥化，自身的承载能力逐渐降低，稳定性日趋下降。

(2) 石膏层上部中厚石灰岩层悬露空间超过极限跨度，必然产生石灰岩大面积断裂垮塌、矿震。如图 1.4(b)和(c)所示，护顶石膏出现局部垮落后，由砂质泥岩、粉砂岩组成的直接顶在自然裸露状态下也随之冒落，荷载重分布，引起周围矿柱相继失稳破坏、更大范围的直接顶冒落。随着直接顶冒落面积增大和高度增加，冒落到石灰岩层后，采空区向上发展被暂时阻止，在石灰岩层下形成悬露空间。随着万枣石膏矿采空区顶板垮塌不断扩展，上覆巨厚石灰岩悬露面积不断增大，超过极限跨度后突然断裂。

(3) 强烈震动可导致邻近采空区护顶石膏和石膏矿柱支护体系迅速失稳垮塌，大面积顶板垮落，形成次生矿震。如图 1.4(d)所示，石灰岩层积聚的弹性能瞬间释放形成矿震，诱发相邻玉荣石膏矿坍塌。

3. 内蒙古、陕西、山西交界处神东矿区案例

内蒙古、陕西、山西交界处是我国重要的煤炭生产基地，其煤炭资源储存丰富，已查明可采煤层多，且煤质较好。为提高资源回收率，需对煤层群进行开采，因此同一竖直方向不同埋深往往布置多个采区。而受开采理论及采矿技术的影响，该地区浅部煤层大多采用房柱法开采，形成了数量惊人的矿柱群采空区。随着浅部资源的枯竭，各矿山开采深度逐渐加大，且许多工作面布置在矿柱群下方。下部煤层开采时，必定会造成上覆矿柱群的应力平衡调整。因此，工作面顶板运动受上部矿柱群影响较大，压架事故频繁发生。例如，神东矿区石圪台矿 No.31201 工作面，其上部为 #2-2 煤层早期开采所形成的房式采空区，其中大小集中煤柱的宽度分别为 15m 和 10m，但巷道布置和采区煤柱的尺寸参数不详，采空区范围如图 1.5 中阴影部分所示，#2-2 煤层与 #3-1 煤层间距为 30～41.8m。No.31201 工作面宽度约为 310m，走向推进长度约为 1860m，主采的 #3-1 煤层平均厚度约为 3.9m，煤层倾角为 1°～3°；上覆基岩厚度为 48～120m，埋深为 110～140m。工作面布置了 156 台 ZY18000/25/45D 型掩护式液压支架，支护强度为 1.52MPa。

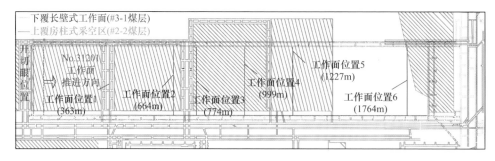

图 1.5　下覆煤层工作面与矿柱群相对位置平面图[6]

当开采 No.31201 工作面时，其顶板稳定性较差，支架压力较大，并多次出现顶板快速下沉及动力压架事件，且造成上覆遗留矿柱群垮塌及地表二次沉降[6-10]。具体事件描述见表 1.1。特别是当工作面推进 774m 时，多个支架被压死，且造成上覆遗留矿柱群垮塌及地表二次沉降，支架下缩及地表沉降，如图 1.6 所示[6,10]。

表 1.1　事件描述

事件	工作面推进距离/m	事件描述
1	363	工作面大面积来压，30min 内 60～110 号支架立柱下缩 0.4～1.3m，其中 88～103 号支架全部压死，安全阀开启率为 51%
2	664	工作面中部 40～120 号支架压力快速增加，随后出现动力压架。65～110 号支架压缩 0.3～1.2m，且前方煤壁应力增加，采煤机割煤困难
3	774	工作面大面积来压，20 多秒内 23～135 号支架立柱下缩 1.3m，安全阀开启率达 81%，来压导致 112 个支架被压死，其中 25 个支架压力瞬间超过 31440kN。如图 1.6 所示，采煤机被卡在 92～102 号支架，事故发生后，工作面前方 61m 地表出现台阶下沉，因维修和处理压死支架耽搁开采近 60 天，直接经济损失近亿元
4	999	煤体片帮达 0.7m，漏矸高度约 0.6m，40～100 号支架立柱下缩 0.45m
5	1227	90～120 号支架安全阀全部开启，其中 9 个支架立柱下缩 1.1～1.7m
6	1764	煤体片帮 1m 左右，50～105 号支架安全阀开启，支架阻力达到 19650kN，75～105 号支架呈喷射状泄液，立柱下缩 0.5～1.5m

事故调查及研究表明[10,11]，此类灾害原因可总结如下：

(1) 下煤层开采扰动造成工作面基本顶弯曲下沉，从而诱发矿柱群荷载重分布。

(2) 部分煤柱受超前支承压力和采动影响后失稳破坏。

(3) 煤柱上方关键层超前破断并逆向回转,同时向下传递过大的覆岩荷载诱发工作面上方关键块体滑落失稳。

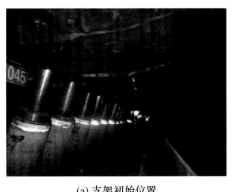

(a) 支架初始位置

(b) 支架压死

(c) 支架损坏

(d) 采煤机被卡

(e) 沉降台阶

(f) 地表裂纹及沉降台阶

图 1.6　动力压架及地表裂缝[6]

1.2　国内外主要研究现状

1.2.1　单矿柱承载与失稳特征

采用房柱法开采地下矿床时，地压主要由矿柱和矿柱群来控制，因此人们非常关心矿柱的尺寸和布置方式是否满足工程承载要求。研究者基于岩样单轴抗压强度、矿柱宽高尺寸等参数，推导了矿柱承载能力的计算公式[5,12-28]，如表 1.2 所示。Salamon 等[5]通过对南非某煤炭开采基地 125 个煤柱的稳定性及相关参数的研究，提出了煤柱强度估算公式。Galvin 等[16]基于澳大利亚煤柱稳定状况的统计分析，对估算参数进行了修正。Hedley 等[13]根据对 28 个高强矿柱(3 个完全倒塌、2 个局部破坏、23 个稳定)的分析，提出了硬岩矿柱的强度估算公式。在采区设计及矿柱尺寸进行优化时，von Kimmelmann 等[15]的研究表明，当矿柱的宽高比大于 10 时，由于矿柱内部的侧向限制作用，其表现出极高的稳定性。随着研究的深入，Galvin 等[16]的研究表明，当矿柱宽高比小于 2 时，其强度极易受地质构造影响；当矿柱宽高比大于 5 时，文献[5]所得的矿柱强度相对偏低，所留设矿柱尺寸偏大，会降低资源回收率。

表 1.2　矿柱强度估算公式

序号	研究者	公式
1	Salamon 等[5]	$S = \dfrac{7.2w^{0.46}}{h^{0.66}}$
2	Bieniawski[12]	$S = \dfrac{7.6w^{0.16}}{h^{0.55}}$
3	Hedley 等[13]	$S = \dfrac{133w^{0.50}}{h^{0.75}}$
4	Hardy 等[14]	$S = \dfrac{\sigma_c w^{0.597}}{h^{0.951}}$
5	von Kimmelmann 等[15]	$S = \dfrac{0.501\sigma_c w^{0.46}}{h^{0.46}}$
6	Galvin 等[16]	$S = \dfrac{6.88w^{0.50}}{h^{0.70}}$
7	Galvin[17]	$S = \dfrac{8.6w^{0.50}}{h^{0.70}}$

续表

序号	研究者	公式
8	Holland[18]	$S = \dfrac{\sigma_{\mathrm{c}} w}{h}$
9	Obert 等[19]	$S = \sigma_{\mathrm{c}}\left(0.778 + 0.222\dfrac{w}{h}\right)$
10	van Heerden[20]	$S = 10 + \dfrac{4.2w}{h}$
11	Bieniawski 等[21]	$S = \sigma_{\mathrm{c}}\left(0.64 + \dfrac{0.34w}{h}\right)$
12	Krauland 等[22]	$S = 35.4\left(0.778 + 0.222\dfrac{w}{h}\right)$
13	Sheorey 等[23]	$S = 0.27\sigma_{\mathrm{c}} h^{-0.36} + \dfrac{h}{160}\left(\dfrac{w}{h} - 1\right)$
14	Potvin 等[24]	$S = \dfrac{0.42\sigma_{\mathrm{c}} w}{h}$
15	Sjoberg[25]	$S = 0.308\sigma_{\mathrm{c}}\left(0.778 + 0.222\dfrac{w}{h}\right)$
16	Pytel[26]	$S = \dfrac{0.393\sigma_{\mathrm{c}}\left(1 - \dfrac{w}{51}\right) w^{0.5}}{h^{0.5}}$
17	Lunder 等[27]	$S = 0.44\sigma_{\mathrm{c}}(0.68 + 0.52k)$
18	van der Merwe[28]	$S = \dfrac{kw}{h}, \quad k = 2.8 \sim 3.5$

注：h 为矿柱高度；S 为矿柱强度；w 为矿柱宽度；σ_{c} 为标准试样单轴抗压强度。

矿柱设计或稳定性评价时，除对矿柱承载能力进行分析外，还需对矿柱所需承担的荷载进行估算。如图 1.7 所示，相对成熟的矿柱应力计算方法主要有从属面积法和压力拱理论法等。

假设各矿柱只需承载其支撑面积范围内的荷载，则采用从属面积法 (tributary area theory, TAT) 计算矿柱应力，具体计算方法为

$$\sigma_{\mathrm{v}} = \frac{\rho g D}{1 - e} \tag{1.1}$$

式中，ρ 为地下空间上覆岩层的平均密度；g 为重力加速度；D 为矿柱埋深；e 为开挖率。

如图 1.7(a) 所示空间结构，其开挖率 e_{TAT} 计算方法为

$$e_{\text{TAT}} = \frac{(a+I)(b+L) - IL}{(a+I)(b+L)} \tag{1.2}$$

式中，a 和 b 为矿柱间距；I 和 L 分别为矿柱水平截面的宽度和长度。

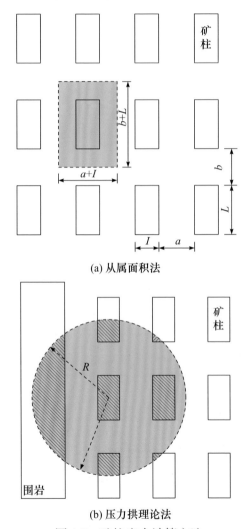

(a) 从属面积法

(b) 压力拱理论法

图 1.7　矿柱应力计算方法

▨ 侧向影响区域的面积；▨ 侧向影响区域内矿柱和围岩的面积；

▨—▨ 侧向影响区域内的开挖面积

基于压力拱理论(pressure arch theory, PAT)计算矿柱应力时，一般需考虑荷载传递距离(load transfer distance, LTD)，Abel[29]根据大量现场数据分析，总结出荷载传递距离计算方法，即

$$\mathrm{LTD} = -1 \times 10^{-4} D^2 + 0.2701 D \tag{1.3}$$

地下空间矿柱群体系中任一矿柱的侧向影响区域为以该矿柱为圆心、以 R 为半径的圆，如图 1.7(b)所示。半径 R 及侧向影响区域的面积 A_i 计算公式为

$$R = 2\mathrm{LTD} + \frac{1}{2} w_e \tag{1.4}$$

$$A_i = \pi \left(2\mathrm{LTD} + \frac{1}{2} w_e \right)^2 \tag{1.5}$$

式中，w_e 为矿柱的有效宽度，$w_e = 4A_p/C_p$[30]，A_p 为矿柱截面积，C_p 为矿柱周长。

矿柱竖向应力的计算公式与式(1.1)形式相同，但开挖率 e_{PAT} 为矿柱所对应侧向影响区域内的开挖率，其计算公式为

$$e_{\mathrm{PAT}} = \frac{A_e}{A_i} \tag{1.6}$$

式中，A_e 为侧向影响区域内的开挖面积。

综上所述，可根据矿柱强度及其所需承担荷载计算各矿柱的安全系数。通常为有效提高资源回收率及矿山经济效益，在保证矿山安全生产的前提下，应尽可能减小矿柱尺寸。为此，研究者通过经验类比、数学分析及室内试验等方法，针对不同的矿山条件对矿柱尺寸进行优化，获得了可以广泛用于工程实践的研究成果[31-33]。

除对矿柱尺寸参数进行研究外，人们对矿柱的失稳破坏过程及机理也进行了研究。研究结果表明，即使节理裂隙不发育的完整矿柱，其内部应力也不会均匀分布[31,34]。各种原因造成的裂纹演化及表层岩石剥落由矿柱表面逐渐向矿柱核心转移，进而造成矿柱有效尺寸减小，最终降低其承载能力。此时，矿柱安全系数会因其承载能力的弱化而减小。因此，研究者从理论分析角度出发，将突变理论[35]、统计学[36]、尺寸折减法[37]、断裂损伤力学理论[31]等用于分析矿柱的稳定性及破坏规律。研究结果表明，矿柱有效承载面积减小到临界值时，矿柱就会出现突发失稳。而针对富含节理裂隙矿柱，王学滨[38]利用 FLAC 软件模拟了具有随机材料缺陷矿柱的破坏过程，发现在外荷载作用下，非

均质矿柱两侧剪切楔的持续产生会降低弹性核芯的尺寸，从而影响其承载能力。Zhang 等[39]应用离散元法建立三维模型，以单位体积裂隙数量表征矿柱局部范围的破坏情况，研究结果表明，当矿柱整体应力达到其峰值荷载时，其内部某些区域仍具有一定的承载潜力，且峰后矿柱应力会重新调整，因此矿柱并不会完全丧失承载能力。

针对峰后矿柱破坏特征的研究，Mark[40]根据宽高比(w/h)将矿柱分成了三类。第一类为细长矿柱($w/h<3$)，主要表现为突然失稳；第二类为中粗型矿柱($3<w/h<10$)，主要表现为缓慢压缩及表面剥落破坏；第三类为墩形矿柱($w/h>10$)，呈现应变硬化性，除矿柱表面应力释放导致局部破坏外，整体表现为不可破坏性。由此可知，矿柱宽高比对其峰后行为有重要的影响，宽高比越大，其峰后承载能力越强。然而，矿柱的主要功能是支撑上覆岩层，此类研究忽略了围岩与矿柱间的相互作用。为了更好地理解矿柱的破坏特征，Salamon[41]分析了在矿柱峰后承载期间，围岩储存能量的释放规律，提出用采场围岩局部刚度系数(k_{LMS})与矿柱峰后刚度系数(k_p)之间的关系来判断矿柱的破坏形式。其中围岩局部刚度系数由岩体弹性模量、厚度及采出率等因素决定，一般很难通过现场直接测量，通常由数值模拟或理论分析获得；而矿柱峰后刚度系数可通过室内试验、现场监测获得。如图 1.8 所示[42]，当$|k_{LMS}| \leqslant |k_p|$时，矿柱表现为突然失稳(见图 1.8(a))；当$|k_{LMS}| > |k_p|$时，表现为缓慢丧失承载能力(见图 1.8(b))。Zipf 等[43]利用该理论对采区矿柱的布置进行了优化，有效降低了因矿柱失稳而诱发矿区大规模坍塌灾害的风险。

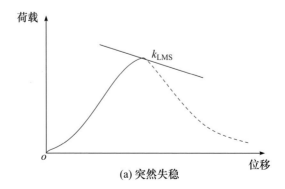

(a) 突然失稳

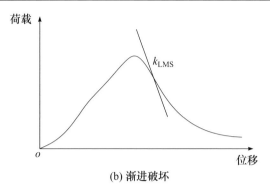

图 1.8　矿柱破坏模式判断准则[42]

1.2.2　矿柱体系失稳的影响因素

井工法开采地下矿产资源时，随着开采范围的增大，所形成的采空区和矿柱群规模也逐渐增大。在各因素的影响下，易发生矿柱群大规模坍塌灾害[44-47]。

通常，矿柱与矿柱群的稳定性不仅取决于开采矿体的埋深、倾角、厚度，上覆岩层的岩性、地质构造、水文地质条件以及采空区面积、顶板管理方法、开采方法，还与上部荷载的类型、大小、矿柱物理力学性能等因素密切相关[48-51]。研究者从时间、水、动荷载、地质条件、开采方式等因素出发，探索了其中某一个或几个特定因素对地下采空区矿柱体系稳定的影响。

1. 考虑时间影响方面

Wang 等[52]建立了考虑矿柱流变特性的采空区矿柱-顶板承载体系力学模型，并对其稳定时间进行估计。Poulsen 等[7]考虑矿柱有效尺寸随时间的剥落效应，并结合压力拱理论分析澳大利亚 Ipswich 地区某矿若干年后矿柱群的稳定情况，研究结果表明，考虑矿柱失稳后，荷载重分布时，模型分析结果与该矿区两次坍塌实际情况较符合，如图 1.9 所示。van der Merwe[53]通过对南非部分矿山坍塌事故中矿柱的数据进行分析，建立了矿柱服务时间预测公式，并用于指导矿柱设计。丘帆等[54]借助 Voronoi 图确定矿柱的支撑范围，分析了矿柱风化程度对应力分布、强度的影响，并指出 20 年后香炉山钨矿很可能会出现大面积矿柱坍塌。

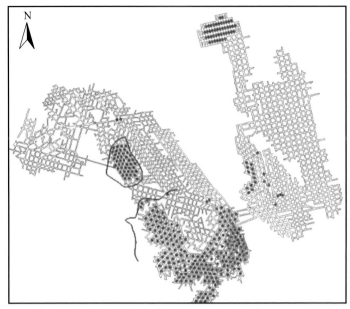

图 1.9　考虑时间影响的澳大利亚 Ipswich 地区某矿塌陷分析结果[7]

2. 考虑水的影响方面

廖文景[55]通过室内试验，发现石膏矿泡水后其抗压强度及抗拉强度分别降低至原来的 78%、62%。Poulsen 等[56]则分析了水对不同类型岩石强度的弱化作用，并根据矿柱所含岩体成分，推算水对矿柱的弱化作用。Zhou 等[57,58]首先利用核磁共振成像技术分析了饱和及干燥过程中砂岩试样内部水的分布状态，发现含水量及水的分布对岩石强度均有显著影响；随后研究了干湿循环对砂岩物理性质和动态力学行为的影响，发现随着干湿循环次数的增加，砂岩密度、纵波波速、耐崩解性及强度均有不同程度的降低，并建立了基于干湿循环影响的岩石动态强度公式，用于岩体工程强度预测。

3. 考虑动荷载影响方面

费鸿禄等[59]研究了爆破振动荷载作用下，采空区围岩和待回采矿柱的动力响应及破坏规律，发现爆破振动会使围岩和矿柱不断劣化，最终诱发矿柱失稳。Xie 等[60]研究了工作面回采后，矿柱竖向动态应力分布特征。李夕兵等[61]、周子龙等[62]从动力扰动角度分析了矿柱的声发射规律及破坏机制，发现动力作用下矿柱响应要比静力情况下更为复杂，更易发生突发失稳。

4. 考虑地质条件方面

Mokgokong 等[63]通过对地质条件的调查，发现地质构造及节理裂隙的分布对矿柱破坏模式有显著影响。Madden 等[64]通过对失稳矿柱的调查统计分析，发现软弱顶底板条件是导致高安全系数矿柱失稳的主要因素。Bérest 等[65]分析了矿床赋存条件对其承载能力的影响，研究结果表明，位于采空区中央的矿柱更容易嵌入软弱底板，而造成较大的地表沉降。

5. 考虑开采方式及其他因素方面

姚高辉等[66]在岩体质量分级的基础上，运用正交极差分析法评价矿柱稳定性影响因素的敏感度，并用于指导破碎围岩条件下矿柱群布置设计，有效保障了矿区安全。罗周全等[67]为提高资源回收率，有效回采暂留盘区隔离矿柱，应用数值模拟方法优化了盘区隔离矿柱采场结构参数及回采顺序。Qiu 等[68]则分析了多层开采时，各采场采空区重叠区域的相互影响规律。

1.2.3　复杂开采条件下矿柱与采空区的稳定性

随着浅部矿床资源的枯竭，我国矿山开采正以 10～25m/a 的速度向深部进军[69]。此外，随着勘探、开采、选冶技术的提高，老矿区周边不断发现有开采价值的矿体，新规划的工作面往往布置在老采空区影响范围内。以上因素均使得矿山开采条件越来越复杂，相应的矿山灾害也越来越多。如图 1.10 所示，对煤层群进行开采时，新规划采区的围岩条件必定受老采空区影响，巷道变形严重，且矿压显现往往十分强烈，动力压架事故时有发生[67]。为有效预防此类灾害的发生，提高安全生产效率，必须弄清老房柱式采空区稳定状况及煤层群开采的相互影响[70-74]。为此，Zhu 等[75]为探究西部某矿浅部房柱式采空区的稳定状况，通过现场试验剥离了上覆岩层，发现采空区矿柱基本处于稳定状态，但矿柱外侧已经出现劈裂破坏(见图 1.11)，承载能力较差。朱德福等[76]利用重整化群理论对神东矿区某浅埋房柱式采空区煤柱群进行了稳定性评价。朱卫兵等[77]对榆阳地区部分煤矿浅部遗留煤柱的稳定性进行了统计分析。

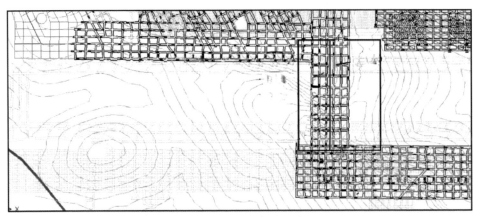

(a) 多层采空区相对位置平面图

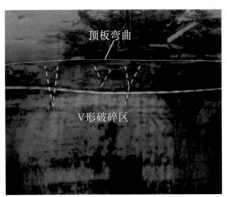

(b) 顶板变形

(c) 巷道底鼓

图 1.10　采空区重叠区域相互影响[67]

(a) 采空区布置

(b) 矿柱劈裂

图 1.11 矿柱稳定状况[75]

针对近距离煤层群开采的相互影响，Luo 等[78]研究了煤层群开采对遗留矿柱承载特性及外部荷载分布的影响。杨真等[79]采用物理相似试验及数值模拟等方法，分析了房柱式采空区下长壁采场顶板的垮落特征。白庆升等[80]分析了浅埋近距离房式煤柱下采动应力演化及致灾机制。Zhu等[10]根据现场调查分析了神东集团石圪台矿动力压架事故原因，并提出通过预裂爆破上覆采空区集中煤柱，释放能量，减小动力压架强度及发生频次，有效提高了下覆煤层长壁开采的安全性。

针对复杂开采条件下矿柱与采空区稳定性等问题，人们使用多种监测与评价方法，研究矿柱及围岩破坏过程中所释放的各类灾变信号。

(1) 在应力变化方面，万虹等[81]采用光弹应力计进行大面积、长时间的现场监测，发现采空区中部矿柱应力较大，建议采空区中部留设大尺寸矿柱，矿柱尺寸从采空区中部向边界逐渐递减，以减小所留矿柱总面积，提高回收率；赵奎等[82]采用光弹应力计对采空区应力进行长期监测，并进行模糊聚类分析，划分采空区稳定性等级，并结合声波测试，分析矿柱波速变化与荷载及矿柱破裂区之间的关系，研究了矿柱波速与其稳定性之间的模糊不确定性，得到的推理结果可用于矿柱稳定性评价；Chen 等[83]利用钻孔应力计监测工作面回采过程中条带煤柱的应力变化规律。

(2) 在微震信号方面，杨志国等[84]通过对现场定点爆破的测试，校验系统的定位参数，实现对采矿作业过程中围岩应力状态的实时监测；姜福兴等[85]、郭远发等[86]基于微震监测，分析了大范围矿柱破裂产生的原因；董陇军等[87,88]优化了声发射与微震震源定位方法，提高了定位精度；而徐必根等[89]、Shen 等[90]结合应力、位移、能量监测等多种方法来实现矿柱和围岩的失稳监测与预警。

　　(3) 在复杂开采条件下矿柱和采空区的稳定性评价与预测方面，研究者从矿柱强度等因素出发，应用可靠度理论的方法开展研究。例如，Bell 等[91]综合分析了常用矿柱强度估算公式的适用条件及其优缺点，基于某封闭矿山的现场调研，对矿区的稳定状况进行评价；van der Merwe[53]应用统计分析方法，从矿柱宽度、开采深度、回采率等方面对矿柱群稳定性进行评价和预测；周子龙等[92]尝试运用重整化群方法，从整体的角度对民窿采空区矿柱群系统的稳定性进行评判，并给出矿柱群整体失稳的临界概率；Zhou 等[93]利用 Fisher 判别分析和支持向量机等方法识别矿柱稳定状态；罗辉等[94]尝试将可靠度理论、人工神经网络等方法用于矿柱系统的稳定分析与评价。

参 考 文 献

[1] 中南大学资源与安全工程学院. 广东大宝山矿大型复杂塌陷原因调查与综合治理技术研究[R]. 长沙, 2005.
[2] CSIRO Earth Science and Resource Engineering Report EP105068. Collingwood park mine remediation—Subsidence control using fly ash backfilling[R]. Brisbane, 2010.
[3] 国务院安委会办公室. 金属非金属地下矿山采空区事故隐患治理工作方案[N]. 安委办〔2016〕5 号, 2016.
[4] Martin C D, Maybee W G. The strength of hard-rock pillars[J]. International Journal of Rock Mechanics and Mining Sciences, 2000, 37(8): 1239-1246.
[5] Salamon M D G, Munro A H. A study of the strength of coal pillars[J]. Journal of the Southern African Institute of Mining and Metallurgy, 1967, 68(2): 466-470.
[6] Zhu W B, Chen L, Zhou Z L, et al. Failure propagation of pillars and roof in a room and pillar mine induced by longwall mining in the lower seam[J]. Rock Mechanics and Rock Engineering, 2019, 52(4): 1193-1209.
[7] Poulsen B A, Shen B. Subsidence risk assessment of decommissioned bord-and-pillar collieries[J]. International Journal of Rock Mechanics and Mining Sciences, 2013, 60: 312-320.
[8] Wang J A, Shang X C, Ma H T. Investigation of catastrophic ground collapse in

Xingtai gypsum mines in China[J]. International Journal of Rock Mechanics and Mining Sciences, 2008, 45(8): 1480-1499.

[9] 省政府临沂市平邑县万庄石膏矿区"12·25"坍塌事故调查组. 临沂市平邑县万庄石膏矿区"12·25"采空区重大坍塌事故调查报告[R]. 泰安, 2016.

[10] Zhu W B, Xu J M, Li Y C. Mechanism of the dynamic pressure caused by the instability of upper chamber coal Pillars in Shendong coalfield, China[J]. Geosciences Journal, 2017, 21(5): 729-741.

[11] 徐敬民, 朱卫兵, 鞠金峰. 浅埋房采区下近距离煤层开采动载矿压机理[J]. 煤炭学报, 2017, 42(2): 500-509.

[12] Bieniawski Z T. The effect of specimen size on compressive strength of coal[J]. International Journal of Rock Mechanics and Mining Sciences & Geomechanics Abstracts, 1968, 5(4): 325-335.

[13] Hedley D G F, Grant F. Stope-and-pillar design for the Elliot Lake Uranium Mines[J]. Canadian Mining and Metallurgical Bulletin, 1972, 65: 37-44.

[14] Hardy M P, Agapito J F T. Pillar design in underground oil shale mines[C]//Proceedings of the 16th Symposium on Rock Mechanism, Minneapolis, 1975: 325-335.

[15] von Kimmelmann M R, Hyde B, Madgwick R J. The use of computer applications at BCL Limited in planning pillar extraction and design of mining layouts[C]//Design and Performance of Underground Excavations: ISRM Symposium, Cambridge, 1984: 53-63.

[16] Galvin J M, Hebblewhite B K, Salamon M D G. UNSW University of New South Wales coal pillar strength determinations for Australian and South African mining conditions[C]//Proceedings of the 2nd International Workshop on Coal Pillar Mechanics and Design, National Institute for Occupational Safety and Health, Vail, 1999: 63-71.

[17] Galvin J M. Considerations associated with the application of the UNSW and other pillar design formulae[C]//Proceedings of the 41st US Symposium on Rock Mechanics, Golden, 2006: 1129-1137.

[18] Holland C T. The strength of coal in mine pillars[C]//Proceedings of the 6th Symposium on Rock Mechanism, Rolla, 1964: 450-466.

[19] Obert L, Duvall W I. Rock Mechanics and the Design of Structures in Rock[M]. New York: Wiley, 1967: 531-545.

[20] van Heerden W L. In situ complete stress-strain characteristics of large coal specimens[J]. Journal of the Southern African Institute of Mining and Metallurgy, 1975, 75(8): 207-217.

[21] Bieniawski Z T, von Heerden W L. The significance of in situ tests on large rock specimens[J]. International Journal of Rock Mechanics and Mining Sciences & Geomechanics Abstracts, 1975, 12(4): 101-113.

[22] Krauland N, Soder P E. Determining pillar strength from pillar failure

observations[J]. Engineering and Mining Journal, 1987, 188(8): 34-40.

[23] Sheorey P R, Das M N, Barat D, et al. Coal pillar strength estimation from failed and stable cases[J]. International Journal of Rock Mechanics and Mining Sciences & Geomechanics Abstracts, 1987, 24(6): 347-355.

[24] Potvin Y, Hudyma M R, Miller H D S. Design guidelines for open stope support[J]. Canadian Mining and Metallurgical Bulletin, 1989, 82(926): 53-62.

[25] Sjoberg J. Failure modes and pillar behaviour in the Zinkgruvan mine[C]//Proceedings of the 33rd US Rock Mechanics Symposium, Santa Fe, 1992: 491-500.

[26] Pytel W. Time-dependent strain energy buildup and dynamic response to bumps in coal mines[R]. Final Research Report for Illinois Mining and Mineral Resources Research Institute, Department of Mining Engineering, Southern Illinois University at Carbondale, 1992.

[27] Lunder P J, Pakalnis R. Determination of the strength of hard-rock mine pillars[J]. Canadian Mining and Metallurgical Bulletin, 1997, 90(1013): 51-55.

[28] van der Merwe J N. New pillar strength formula for South African coal[J]. Journal of the Southern African Institute of Mining and Metallurgy, 2003, 103(5): 281-292.

[29] Abel J F. Soft rock pillars[J]. International Journal of Mining and Geological Engineering, 1988, 6(3): 215-248.

[30] Wagner H. Pillar design in coal mines[J]. Journal of the Southern African Institute of Mining and Metallurgy, 1980, 80: 37-45.

[31] 郭建军, 窦源东, 杨玉泉. 矿柱裂隙扩展机理分析研究[J]. 采矿技术, 2009, 9(1): 73-75, 112.

[32] Wattimena R K. Predicting the stability of hard rock pillars using multinomial logistic regression[J]. International Journal of Rock Mechanics and Mining Sciences, 2014, 71: 33-40.

[33] Ghasemi E, Ataei M, Shahriar K. An intelligent approach to predict pillar sizing in designing room and pillar coal mines[J]. International Journal of Rock Mechanics and Mining Sciences, 2014, 65: 86-95.

[34] Cording E J, Hashash Y M A, Oh J. Analysis of pillar stability of mined gas storage caverns in shale formations[J]. Engineering Geology, 2015, 184: 71-80.

[35] 王连国, 缪协兴. 煤柱失稳的突变学特征研究[J]. 中国矿业大学学报, 2007, 36(1): 7-11.

[36] Salamon M D G, Ozbay M U, Madden B J. Life and design of bord-and-pillar workings affected by pillar scaling[J]. The Journal of the South African Institute of Mining and Metallurgy, 1998, 98(3): 135-145.

[37] 张涛, 张帅, 张百胜. 矿柱安全留设尺寸的宽度折减法与应用[J]. 岩土力学, 2014, 35(7): 2041-2046, 2078.

[38] 王学滨. 具有初始随机材料缺陷的矿柱渐进破坏模拟[J]. 中国矿业大学学报, 2008, 37(2): 196-200.

[39] Zhang Y, Stead D. Modelling 3D crack propagation in hard rock pillars using a synthetic rock mass approach[J]. International Journal of Rock Mechanics and Mining Sciences, 2014, 72: 199-213.

[40] Mark C. The state-of-the-art in coal pillar design[J]. Transactions of the Society for Mining, Metallurgy and Exploration, 2000, 308: 123-128.

[41] Salamon M D G. Stability, instability and design of pillar workings[J]. International Journal of Rock Mechanics and Mining Sciences & Geomechanics Abstracts, 1970, 7(6): 613-631.

[42] Zipf R K. Using a post-failure stability criterion in pillar design[C]//Proceedings of the 2nd International Workshop on Coal Pillar Mechanics and Design, Pittsburgh, 1999: 181-192.

[43] Zipf R K, Mark C. Design methods to control violent pillar failures in room-and-pillar mines[J]. Transactions of the Institution of Mining and Metallurgy, Section A: Mining Technology, 1997, 106: 124-132.

[44] Szwedzicki T. Geotechnical precursors to large-scale ground collapse in mines[J]. International Journal of Rock Mechanics and Mining Sciences, 2001, 38(7): 957-965.

[45] Marwan A H, Christophe D, Fiona T, et al. Analysis of the historical collapse of an abandoned underground chalk mine in 1961 in Clamart (Paris, France) [J]. Bulletin of Engineering Geology and the Environment, 2015, 74(3): 1001-1018.

[46] Cui X M, Gao Y G, Yuan D B. Sudden surface collapse disasters caused by shallow partial mining in Datong coalfield, China[J]. Natural Hazards, 2015, 74(2): 911-929.

[47] Luo R, Li G Y, Chen L, et al. Ground subsidence induced by pillar deterioration in abandoned mine districts[J]. Journal of Central South University, 2020, 27(7): 2160-2172.

[48] Szwedzicki T. Pre-and post-failure ground behaviour: Case studies of surface crown pillar collapse[J]. International Journal of Rock Mechanics and Mining Sciences, 1999, 36(3): 351-359.

[49] Zhao T B, Guo W Y, Tan Y L, et al. Case histories of rock bursts under complicated geological conditions[J]. Bulletin of Engineering Geology and the Environment, 2018, 77(4): 1529-1545.

[50] 古德生, 李夕兵. 现代金属矿床开采科学技术[M]. 北京: 冶金工业出版社, 2006.

[51] Swift G, Reddish D. Stability problems associated with an abandoned ironstone mine[J]. Bulletin of Engineering Geology and the Environment, 2002, 61(3): 227-239.

[52] Wang J A, Li D Z, Shang X C. Creep failure of roof stratum above mined-out area[J]. Rock Mechanics and Rock Engineering, 2012, 45(4): 533-546.

[53] van der Merwe J N. Predicting coal pillar life in South Africa[J]. The Journal of the South African Institute of Mining and Metallurgy, 2003, 103(5): 293-301.

[54] 丘帆, 马海涛, 欧阳明, 等. 基于 Voronoi 图和时间效应的矿柱失稳预测[J]. 中国安全生产科学技术, 2014, 10(2): 38-43.

[55] 廖文景. 石膏矿采空区积水对矿柱稳定性的影响分析[J]. 采矿技术, 2009, 9(3): 52-53, 58.

[56] Poulsen B A, Shen B T, Williams D J, et al. Strength reduction on saturation of coal and coal measures rocks with implications for coal pillar strength[J]. International Journal of Rock Mechanics and Mining Sciences, 2014, 71: 41-52.

[57] Zhou Z L, Cai X, Cao W Z, et al. Influence of water content on mechanical properties of rock in both saturation and drying processes[J]. Rock Mechanics and Rock Engineering, 2016, 49(8): 3009-3025.

[58] Zhou Z L, Cai X, Chen L, et al. Influence of cyclic wetting and drying on physical and dynamic compressive properties of sandstone[J]. Engineering Geology, 2017, 220: 1-12.

[59] 费鸿禄, 杨卫风, 张国辉, 等. 金属矿山矿柱回采时爆破荷载下采空区的围岩稳定性[J]. 爆炸与冲击, 2013,(4): 344-350.

[60] Xie H P, Gao M Z, Zhang R, et al. Study on the mechanical properties and mechanical response of coal mining at 1000m or deeper[J]. Rock Mechanics and Rock Engineering, 2019, 52(5): 1475-1490.

[61] 李夕兵, 周子龙, 叶州元, 等. 岩石动静组合加载力学特性研究[J]. 岩石力学与工程学报, 2008, 27(7): 1387-1395.

[62] 周子龙, 李国楠, 宁树理, 等. 侧向扰动下高应力岩石的声发射特性与破坏机制[J]. 岩石力学与工程学报, 2014, 33(8): 1720-1728.

[63] Mokgokong P S, Peng S S. Investigation of pillar failure in the Emaswati Coal Mine, Swaziland[J]. International Journal of Rock Mechanics and Mining Science & Geomechanics Abstracts, 1991, 12(2): 113-125.

[64] Madden B J, Canbulat I, York G. Current South African coal pillar research[J]. Journal of the South African Institute of Mining and Metallurgy, 1998, 98(1): 7-10.

[65] Bérest P, Brouard B, Feuga B, et al. The 1873 collapse of the saint-maximilien panel at the Varangeville Salt Mine[J]. International Journal of Rock Mechanics and Mining Sciences, 2008, 45(7): 1025-1043.

[66] 姚高辉, 吴爱祥, 王贻明, 等. 破碎围岩条件下采场留存矿柱稳定性分析[J]. 北京科技大学学报, 2011, 33(4): 400-405.

[67] 罗周全, 管佳林, 冯富康, 等. 盘区隔离矿柱采场结构参数数值优化[J]. 采矿与安全工程学报, 2012, 29(2): 261-264.

[68] Qiu B, Luo Y. Development of CISPM-MS and its applications in assessing multiseam mining interactions[J]. Transactions of the Society for Mining, Metallurgy and Exploration, 2013, 334: 519-526.

[69] He M C, Leal e Sousa R, Müller A, et al. Analysis of excessive deformations in tunnels for safety evaluation[J]. Tunnelling and Underground Space Technology, 2015, 45: 190-202.

[70] Wang F T, Zhang C, Zhang X G. Overlying strata movement rules and safety mining technology for the shallow depth seam proximity beneath a room mining goaf[J]. International Journal of Mining Science and Technology, 2015, 25: 139-143.

[71] Wang F T, Duan C H, Tu S H. Hydraulic support crushed mechanism for the shallow seam mining face under the roadway pillars of room mining goaf[J]. International Journal of Mining Science and Technology, 2017, 27(5): 853-860.

[72] 鞠金峰, 许家林, 朱卫兵, 等. 近距离煤层工作面出倾向煤柱动载矿压机理研究[J]. 煤炭学报, 2010, 35(1): 15-20.

[73] Jiang B Y, Wang L G, Lu Y L, et al. Ground pressure and overlying strata structure for a repeated mining face of residual coal after room and pillar mining[J]. International Journal of Mining Science and Technology, 2016, 26(4): 645-652.

[74] Sui W H, Hang Y, Ma L X, et al. Interactions of overburden failure zones due to multiple-seam mining using longwall caving[J]. Bulletin of Engineering Geology and the Environment, 2015, 74 (3): 1019-1035.

[75] Zhu D F, Tu S H. Mechanisms of support failure induced by repeated mining under gobs created by two-seam room mining and prevention measures[J]. Engineering Failure Analysis, 2017, 82: 161-178.

[76] 朱德福, 屠世浩, 王方田, 等. 浅埋房式采空区煤柱群稳定性评价[J]. 煤炭学报, 2018, 43(2): 390-397.

[77] 朱卫兵, 许家林, 陈璐, 等. 浅埋近距离煤层开采房式煤柱群动态失稳致灾机制[J]. 煤炭学报, 2019, 44(2): 358-366.

[78] Luo Y, Qiu B. CISPM-MS: A tool to predict surface subsidence and to study interactions associated with multi-seam mining operations[C]//Proceedings of the 31st International Conference on Ground Control in Mining, Morgantown, 2012: 56-62.

[79] 杨真, 童兵, 黄成成, 等. 近距离房柱采空区下长壁采场顶板垮落特征研究[J]. 采矿与安全工程学报, 2012, 29(2): 157-161.

[80] 白庆升, 屠世浩, 王方田, 等. 浅埋近距离房式煤柱下采动应力演化及致灾机制[J]. 岩石力学与工程学报, 2012, 31(S2): 3772-3778.

[81] 万虹, 冯仲仁. 地下采空区中矿柱稳定性的现场监测与研究[J]. 武汉工业大学学报, 1996, 18(4): 113-116.

[82] 赵奎, 万林海, 饶运章, 等. 基于声波测试的矿柱稳定性模糊推理系统及其应用[J]. 岩石力学与工程学报, 2004, 23(11): 1804-1809.

[83] Chen S J, Guo W J, Zhou H, et al. Field investigation of long-term bearing capacity of strip coal pillars[J]. International Journal of Rock Mechanics and Mining Sciences, 2014, 70: 109-114.

[84] 杨志国, 于润沧, 郭然, 等. 微震监测技术在深井矿山中的应用[J]. 岩石力学与工程学报, 2008, 27(5): 1066-1073.

[85] 姜福兴, 杨淑华, Luo X. 微地震监测揭示的采场围岩空间破裂形态[J]. 煤炭学

报, 2003, 28(4): 357-360.

[86] 郭远发, 刘宏发, 袁节平, 等. 基于微震监测的大范围破裂矿柱稳定性评价[J]. 采矿技术, 2011, 11(6): 41-45.

[87] 董陇军, 李夕兵, 马举, 等. 未知波速系统中声发射与微震震源三维解析综合定位方法及工程应用[J]. 岩石力学与工程学报, 2017, 36(1): 186-197.

[88] Zhou Z L, Zhou J, Dong L J, et al. Experimental study on the location of an acoustic emission source considering refraction in different media[J]. Scientific Reports, 2017, 7(1): 7472.

[89] 徐必根, 王春来, 唐绍辉, 等. 特大采空区处理及监测方案设计研究[J]. 中国安全科学学报, 2008, 17(12): 147-151, 195-196.

[90] Shen B, King A, Guo H. Displacement, stress and seismicity in roadway roofs during mining-induced failure[J]. International Journal of Rock Mechanics and Mining Sciences, 2008, 45(5): 672-688.

[91] Bell F G, de Bruyn I A. Subsidence problems due to abandoned pillar workings in coal seams[J]. Bulletin of Engineering Geology and the Environment, 1999, 57(3): 225-237.

[92] 周子龙, 李夕兵, 赵国彦. 民窿空区群级联失稳评价[J]. 自然灾害学报, 2007, 16(5): 91-95.

[93] Zhou J, Li X B, Shi X Z, et al. Predicting pillar stability for underground mine using Fisher discriminant analysis and SVM methods[J]. Transactions of Nonferrous Metals Society of China, 2011, 21(12): 2734-2743.

[94] 罗辉, 杨仕教, 陶干强, 等. 盘区开采过程矿柱动态模糊可靠度研究[J]. 地下空间与工程学报, 2011, 7(1): 163-167.

第 2 章　双矿柱体系承载与变形破坏特征

地下矿山开采过程中，矿柱发挥着支撑岩体稳定的重要作用，从现有研究成果来看，研究者对单矿柱的力学特性关注较多，对多矿柱体系共同承载行为的研究相对不足，尚未揭示多矿柱共同承载特征及灾变演化机理。为此，本章开展双矿柱体系压缩试验，并监测各矿柱在外荷载作用下的变形与声发射信息，进而分析双矿柱体系共同承载特征、应力转移规律与变形破坏特征。

2.1　双矿柱承载压缩试验

随着岩石力学测试技术的发展，在各类先进设备的辅助下，室内力学试验除能进行传统的应力、应变测试外，还能高效、精确地捕捉岩石压缩破坏过程中的各类衍生信号，如声发射、红外信息等，进而研究其承载与变形破坏特征[1-3]。本节基于高性能伺服控制试验系统开展试验，并结合应力传感器、数字散斑技术、声发射技术等进行应力和变形监测[4]。

2.1.1　试验设计

1. 加载及监测方案

首先开展单矿柱压缩试验，并基于单矿柱压缩试验结果，开展相同及不同力学性能双矿柱体系的压缩试验。如图 2.1 所示，试验中在各矿柱底部均布置应力传感器，矿柱两侧布置声发射探头，矿柱中部则设计数字散斑分析区。

2. 试样的制备及筛选

岩石是典型的非均质材料，即使从同一区域岩体取出的岩样，其力学参数也可能存在一定差异。试验的主要目的是分析双矿柱体系的承载及变形破坏特征，需对双矿柱试样同时进行加载，因而对各矿柱试样的尺

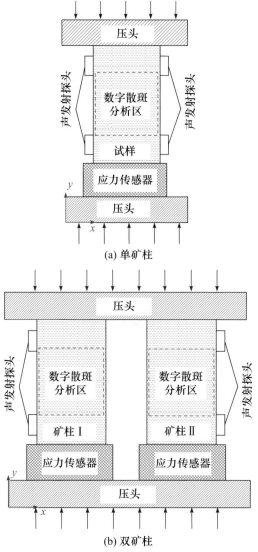

(a) 单矿柱

(b) 双矿柱

图 2.1　加载及监测方案示意图

寸及其力学性能有较高要求。为了降低材料本身力学性能的差异及试样加工精度对试验结果的影响，通过配制混凝土相似材料试样以保证试样力学性能及尺寸的可控性，利用相似材料试样研究双矿柱体系同时加载的相关力学行为。

通过试样浇筑、试样养护、声波检测及散斑喷涂，制备尺寸为 50mm×50mm×100mm 的单矿柱试样，通过改变混凝土骨料配比得到不同力学性能的矿柱试样组。试样养护 28 天后进行波速检测并剔除异常试样。

3. 试验设备

试验系统由伺服控制加载系统、声发射监测系统、应力监测系统及数字散斑变形监测系统等组成。如图 2.2 所示，试验使用的加载设备为万能材料试验机。试验中采用位移控制方式对单矿柱及双平行矿柱进行平行压缩。

图 2.2　万能材料试验机

声发射监测采用 PCI-2 型声发射系统。为防止试验过程中探头松动失效，每个矿柱上布置两个传感器。传感器有效监测频率为 125～750kHz。信号监测时，前置放大器增益设为 40dB，声发射信号采集幅值的阈值为 50dB。传感器安装时，在试样与探头接触面涂抹一层耦合剂，试样安装好后，进行断铅测试，确保试验效果。

应力监测系统由 DH3820 型静态应变仪(最高采样频率为 100Hz)和应力传感器组成。应力传感器安装于各矿柱试样底部，应力数据采集频率为 10Hz。

如图 2.3(a)所示，试验选用的非接触数字散斑变形监测系统由 CCD 相机、光源、图像采集器、计算机组成。CCD 相机型号为 Basler PiA2400-17gm，其最高分辨率为 2456 像素×2058 像素，最高图像储存速度为 75MB/s，可根据被测物体尺寸特征与试验要求，调节图像分辨率及采集帧速。

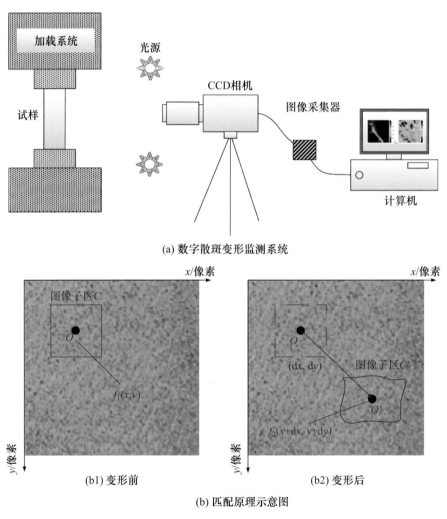

(a) 数字散斑变形监测系统

(b1) 变形前   (b2) 变形后

(b) 匹配原理示意图

图 2.3　数字散斑变形监测系统及匹配原理示意图

非接触数字散斑相关方法是一种通过计算试样表面随机分布的斑点在变形前后图像的相关性来确定位移和变形等参数的非接触式全场测量

技术。其基本原理如下：捕捉被测物体压缩变形破坏过程中的系列散斑图像，并以某个状态为参考图像(变形前)，在目标图像(变形后)中识别出对应于变形前的参考图像中某一散斑区域的变形信息，从而获得位移及应变。如图 2.3(b)所示，参考图像中，图像子区 C，其中心为点 O，灰度信息用函数 $f_1(x，y)$ 表示。为实现对点 O 的定位追踪，得到其在目标图像中的位置点 O' 及相应的位移向量 $(dx，dy)$，通过相关计算的方法在目标图像中进行图像匹配搜索，得到灰度信息 $f_2(x+dx，y+dy)$ 与参考图像中图像子区 C 灰度信息 $f_1(x，y)$ 最匹配的图像子区 C'，并确定观测点 O 在目标图像中的位置及相应的位移向量。以此类推，通过全场灰度信息匹配，便可得到被测物体的位移场及应变场信息。

2.1.2　试验结果及分析

1. 单矿柱试样压缩试验

表 2.1 为两组不同骨料配比矿柱试样的单轴压缩试验结果，两组试样平均峰值荷载分别为 94.37kN、138.46kN，且试样峰值荷载离散性较小。图 2.4 为两组单矿柱试样单轴压缩试验获得的荷载及声发射事件累计数-时间曲线，图 2.5 为单矿柱试样破坏过程中对应的各特征时间点矿柱变形状态；图 2.6 为单矿柱试样破坏模式。峰值荷载前声发射事件较平静，矿柱变形相对均匀；峰值荷载后声发射事件开始活跃，矿柱变形特征由均匀变形向非均匀变形转变，并逐渐出现变形集中区域，且矿柱的承载能力开始逐渐下降。而随着微小裂纹的逐步出现，声发射事件数快速增加。当矿柱出现较大的剪切滑移时，承载能力突然下降并伴随着声发射事件数的急速增加。其最终破坏模式表现为以剪切破坏为主的拉剪破坏。

表 2.1　单矿柱试样压缩试验结果

试样编号	峰值荷载/kN	试样编号	峰值荷载/kN
A-1	93.25	B-1	141.29
A-2	98.68	B-2	138.35
A-3	91.17	B-3	135.74

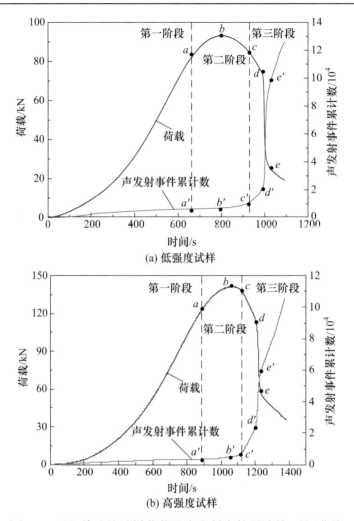

图 2.4　两组单矿柱试样荷载及声发射事件累计数-时间曲线

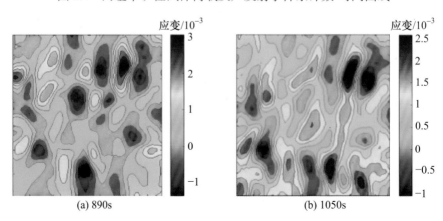

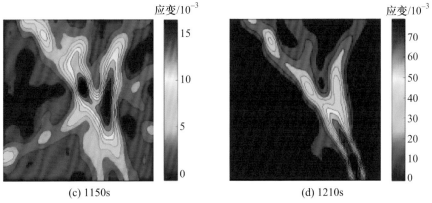

(c) 1150s　　　　　　　　　　　(d) 1210s

图 2.5　单矿柱试样破坏过程中对应的各特征时间点矿柱变形状态

图 2.6　单矿柱试样破坏模式

从图 2.4 可以看出，两组单矿柱试样荷载、声发射信号及变形破坏特征具有相似性，且其破坏过程可以分为三个阶段：第一阶段从试验开始到状态 a，为压密及弹性变形阶段。此阶段矿柱荷载先缓慢增加，然后几乎线性增加，且变形均匀，声发射事件数较少。第二阶段从状态 a 到状态 c，为塑性变形阶段。此阶段因材料塑性屈服而不断弱化，此时矿柱荷载-时间曲线逐渐偏离直线状态，达到峰值荷载(状态 b)后，矿柱的极限承载能力开始下降，但声发射现象较为平静，且矿柱仍能均匀变形，说明此阶段矿柱内部应力条件还不足以诱发微小裂纹的大量萌生，承载能力的弱化只是塑性变形的结果。第三阶段从状态 c 到状态 e，为裂纹产生、扩展与贯通阶段。峰值荷载后期，随材料内部损伤的逐步累积，其极限承载能力持续弱化。状态 c 后，矿柱承载能力的弱化速度明显加快，声发射现象也明显开始活跃，且矿柱变形特征由均匀变形向局部化变形转变，此阶段矿柱内局部应力达到极限状态。随着微裂纹的进一步演化与累计，最终形成贯通性宏观裂纹。

试验中两组单矿柱试样均至状态 c 后，其声发射现象才开始活跃，说明裂纹于峰值荷载后开始扩展，这在一定程度上暗示了材料强度和承载能力的不同。作为材料的力学参数，岩石的单轴抗压强度为该试样压缩过程中的峰值应力，体现为材料强度，但极限承载寿命可能比达到峰值荷载的时间更长。试样压缩破坏过程中，其极限承载能力随变形破坏过程动态变化。尤明庆[5]的研究表明，岩石矿物颗粒之间相互黏结或者相互分离，Mohr-Coulomb 强度准则的黏结力与内摩擦力在局部并不同时存在，且试样的承载能力由正压力产生的内摩擦力及材料颗粒间的黏结力共同构成。在压缩破坏过程中，颗粒间的黏结力在塑性屈服作用下逐渐弱化，当其弱化到一定程度，且外荷载与强度相等时，便会产生拉伸开裂或剪切滑移。因剪切滑移而丧失黏结力的颗粒会通过结构摩擦效应继续承载，某些条件下摩擦力的建立速度会快于黏结力的丧失速度，从而能够保持试样的极限承载能力。因此，塑性变形能力强的延性材料在外荷载作用下达到峰值应力后仍可具有较好的承载能力，只有当其内部出现大量裂纹后才真正丧失承载能力。

在试验矿柱压缩过程中，其承载能力的突然劣化(图 2.4 中状态 d)是矿柱承载能力与试验机外荷载相互平衡的结果。Salamon[6]的研究表明，围岩系统应变能的释放会诱导矿柱出现非稳定破坏。试验虽采用控制试验机油缸行程方式对矿柱进行加载，当达到矿柱临界稳定状态时，试验机系统储存了较大的弹性能且荷载较大，一旦矿柱失稳，试验机系统储存的能量便会迅速释放并造成矿柱裂纹的迅速扩展及其承载能力的突然下降。

2. 相同力学性能双矿柱体系压缩试验

按图 2.1 所示方法对具有相同力学性能的双矿柱体系进行压缩试验，

各试样及双矿柱体系峰值荷载见表 2.2,图 2.7 为相同力学性能双矿柱体系压缩试验 S-1 的荷载及声发射事件累计数-时间曲线。压缩变形破坏过程中，各特征时间点矿柱 I 和矿柱 II 的破坏过程如图 2.8 所示，对应的破坏模式如图 2.9 所示。分析试验结果可知，加载初期，各矿柱荷载缓慢均匀增加，声发射活动较为平静，且变形相对均匀。加载至状态 a_I 后，矿柱应力-应变关系逐渐偏离线性变化状态，声发射事件开始活跃，且局部出现非均匀变形。状态 c_{II} 后，矿柱承载能力持续弱化并出现突然下降现象，伴随着声发射事件的快速增长，各矿柱均出现变形集中区(见图 2.8(c))。各矿柱最终破坏模式均表现为以剪切破坏为主的拉剪破坏。

表 2.2　相同力学性能双矿柱体系压缩试验结果

试验编号	矿柱 I 编号	矿柱 I 峰值荷载/kN	矿柱 II 编号	矿柱 II 峰值荷载/kN	双矿柱体系峰值荷载/kN	各矿柱峰值荷载之和/kN
S-1	I -S-1	137.79	II -S-1	141.14	277.25	278.93
S-2	I -S-2	135.25	II -S-2	137.25	271.04	272.50
S-3	I -S-3	140.71	II -S-3	137.03	275.15	277.74

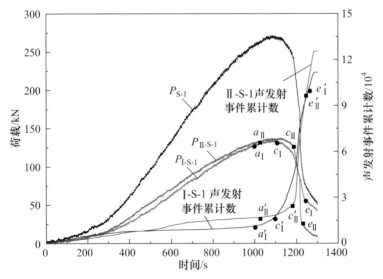

图 2.7　试验 S-1 的荷载及声发射事件累计数-时间曲线

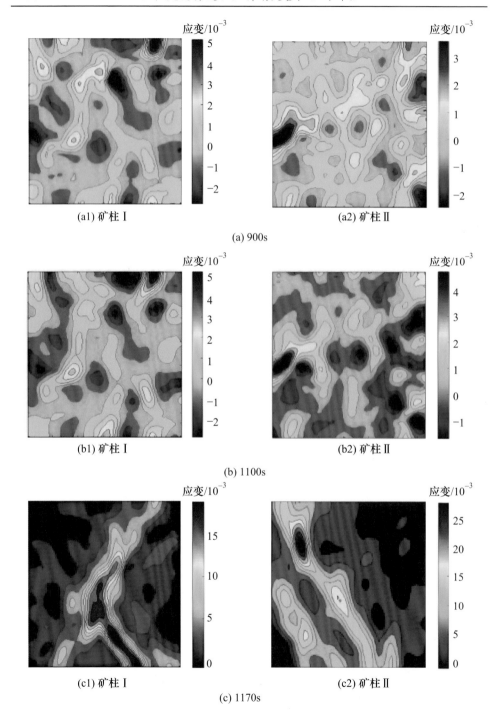

(a1) 矿柱 I

(a2) 矿柱 II

(a) 900s

(b1) 矿柱 I

(b2) 矿柱 II

(b) 1100s

(c1) 矿柱 I

(c2) 矿柱 II

(c) 1170s

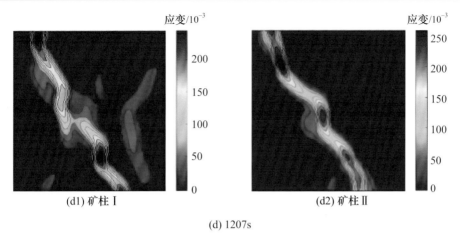

(d1) 矿柱 I　　　　　　　　　　　　(d2) 矿柱 II

(d) 1207s

图 2.8　试验 S-1 的双矿柱体系破坏过程

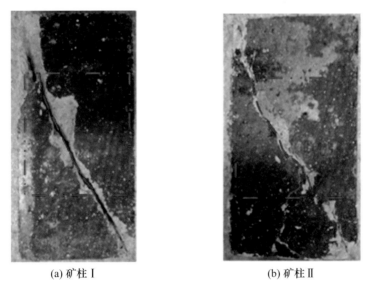

(a) 矿柱 I　　　　　　　　　　　　(b) 矿柱 II

图 2.9　试验 S-1 的矿柱试样破坏模式

　　由于两矿柱力学性能基本一致，在压缩破坏过程中，矿柱 I 与矿柱 II 基本能均匀分担荷载、协调变形，且双矿柱体系峰值荷载与各矿柱峰值荷载之和基本一致。各矿柱裂纹演化、承载能力的变化规律及最终破坏模式均与单矿柱压缩试验结果相类似。从图 2.7 可以看出，各矿柱均经历了压密及弹性变形阶段(试验开始到状态 a)、塑性变形阶段(状态 a 到状态 c)、裂纹演化阶段(状态 c 到状态 e)，且各矿柱各变形破坏阶段的荷载变化、声发射特征及变形规律均十分相似。

在压缩过程中，随着外荷载的增加，各矿柱的塑性变形及内部微小裂纹逐渐扩展，其力学性能因持续损伤破坏而弱化。当某矿柱的承载能力与外部荷载及能量环境达到极限平衡状态时，另一矿柱也基本达到临界失稳状态，且此时试验机系统储存了大量应变能且荷载较大。因而，微小外部荷载扰动或任一矿柱的进一步弱化均会诱发试验机系统应变能的释放，进而造成双矿柱体系的剧烈破坏。试验中两矿柱最终几乎同时出现宏观滑移并迅速丧失承载能力。

3. 不同力学性能双矿柱体系压缩试验

按图 2.1 所示方式对具有不同力学性能的双矿柱体系进行压缩试验，各矿柱及双矿柱体系峰值荷载见表 2.3，矿柱 I 及矿柱 II 的平均峰值荷载分别为 95.01kN、139.21kN，双矿柱体系平均峰值荷载为 210.51kN，各矿柱平均峰值荷载之和为 234.22kN。

表 2.3　不同力学性能双矿柱体系压缩试验结果

试验编号	矿柱编号	矿柱 I 峰值荷载/kN	矿柱编号	矿柱 II 峰值荷载/kN	双矿柱体系峰值荷载/kN	各矿柱峰值荷载之和/kN
D-1	I -D-1	99.25	II -D-1	135.27	218.75	234.52
D-2	I -D-2	95.04	II -D-2	143.05	209.27	238.09
D-3	I -D-3	90.75	II -D-3	139.31	203.51	230.06

图 2.10 为试验 D-1 的荷载及声发射事件累计数-时间曲线。压缩变形破坏过程中，各特征时间点矿柱 I 和矿柱 II 的破坏过程如图 2.11 所示，对应的破坏模式如图 2.12 所示。分析试验结果可知，加载初期，矿柱 I 和矿柱 II 基本能均匀承载，且声发射事件数较少，矿柱均匀变形。随着外荷载的持续增加，状态 a'_{I} 后，矿柱 I 逐渐进入塑性变形及裂纹扩展阶段，其声发射事件开始活跃。状态 c_{I} 后，矿柱 I 承载能力开始逐渐弱化，但此时矿柱 II 仍处于弹性变形阶段，其承载能力仍能线性增加。试样变形的数字散斑相关分析也给出了同样的结果，从图 2.11(c)可以看出，矿柱 I 出现变形集中区时，矿柱 II 仍能保持均匀变形。随着试验机继续压缩，状态 c'_{II} 后，矿柱 II 的声发射现象开始活跃，其所承担的荷载也开始下降，且很快出现承载能力的突然劣化现象，双矿柱体系也随之丧失承载能力。两矿柱

的最终破坏模式表现为以剪切破坏为主的拉剪破坏。

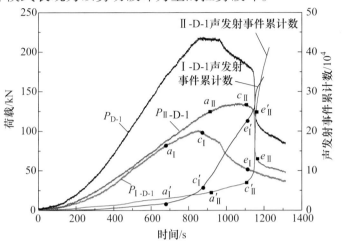

图 2.10 试验 D-1 荷载及声发射事件累计数-时间曲线

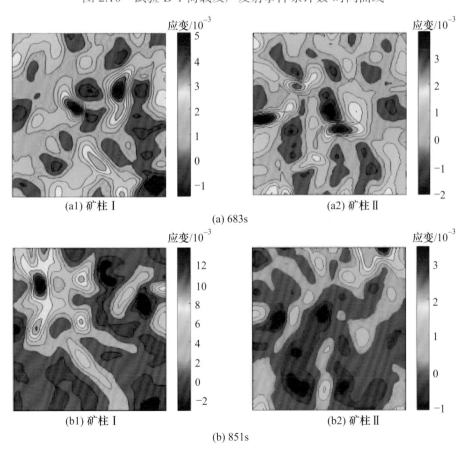

(a1) 矿柱 Ⅰ   (a2) 矿柱 Ⅱ

(a) 683s

(b1) 矿柱 Ⅰ   (b2) 矿柱 Ⅱ

(b) 851s

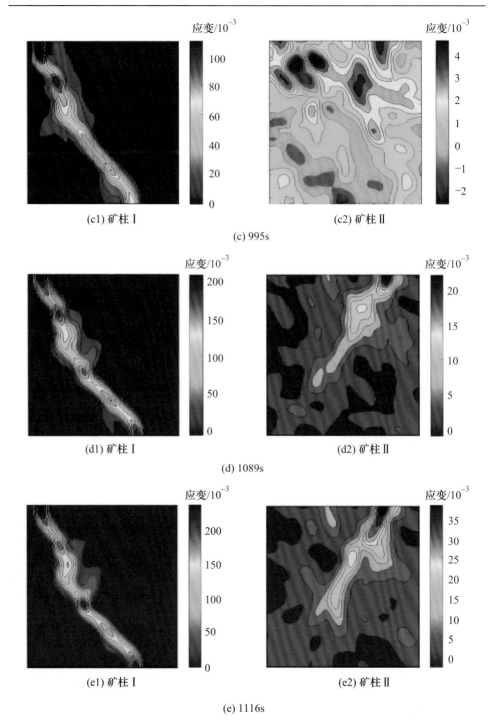

(c1) 矿柱Ⅰ

(c2) 矿柱Ⅱ

(c) 995s

(d1) 矿柱Ⅰ

(d2) 矿柱Ⅱ

(d) 1089s

(e1) 矿柱Ⅰ

(e2) 矿柱Ⅱ

(e) 1116s

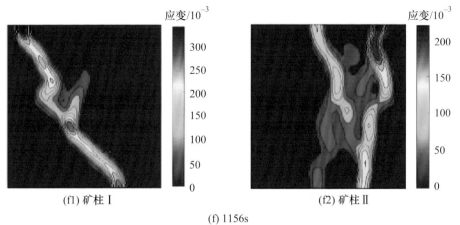

(f1) 矿柱 I　　　　　　　　　　　　　(f2) 矿柱 II

(f) 1156s

图 2.11　试验 D-1 双矿柱体系破坏过程

(a) 矿柱 I　　　　　　　　　　　　　(b) 矿柱 II

图 2.12　试验 D-1 的矿柱试样破坏模式

　　试验过程中,加载初期矿柱 I 与矿柱 II 基本能均匀分担荷载、协调变形。矿柱 I 承载能力开始弱化后, 荷载开始向矿柱 II 转移, 矿柱 II 逐渐成为承载主体, 且双矿柱体系峰值荷载小于各矿柱峰值荷载之和。但是, 低强度矿柱所表现的力学性能与同力学性能双矿柱体系压缩试验中的任一矿柱及单矿柱压缩结果存在较大差异。低强度矿柱在峰值荷载后, 其承载能力并未出现突然下降现象, 而表现为逐渐弱化。从图 2.10 和图 2.11 可以看出, 因矿柱 I 与矿柱 II 的力学性能不同(矿柱 I 强度较小), 试验过程中低强度矿柱先出现声发射活跃现象，且先开始出现变形局部化(见图 2.11(c))，说明低强度矿柱先进入裂纹演化阶段。而当低强度矿柱出现力学性能劣化时，高强度矿柱处于弹性变形阶段，其承载能力仍能继续增加。随着低强度矿柱极限承载能力的持续降低，其声发射事件数快速增加，变形局部化加剧。此阶段高强度矿柱所承受的荷载线性增长，声发射活动相对不活跃，且双矿柱体系承载能力并未迅速下降，说明荷载向高强度矿柱转移。因此，当两个矿柱力学性能不同时，双矿柱体系不会因低强度矿柱的弱化而立即丧失承载能力。随着试验的继续，高强度矿柱也逐步进入塑性屈服及裂纹演化阶段，其承载能力逐渐弱化且裂纹持续增长。从图 2.11(e)可以看出，此时低强度矿柱早已出现宏观滑移且基本丧失承载能力，直到高强度矿柱不足以承担试验机外荷载时，双矿柱体系开始失稳，试验机则释放弹性能并造成高强度矿柱裂纹的迅速扩展及承载能力的突然下降，双矿柱体系因此丧失承载能力。

2.2　双矿柱体系承载特征数值模拟

在 2.1 节中，通过室内压缩试验，初步揭示了相同及不同力学性能双矿柱体系共同承载及失稳破坏特征。但室内力学试验试样准备周期较长、加工难度较大、费用较高，且不易揭示试样内部的一些行为细节。随着岩土类数值模拟技术的迅速发展，结合工程实际问题，开展数值模拟研究能有效弥补室内试验的这些缺点[7]。因此，本节建立双矿柱体系数值模拟模型(见图 2.13)，研究不同弹性模量及不同峰值荷载双矿柱体系的承载及变形破坏规律。

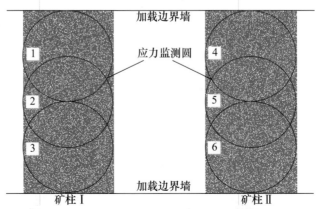

图 2.13　双矿柱体系数值模拟模型

2.2.1　PFC2D 模拟模型建立

1. 双矿柱数值模型

本次数值模拟研究基于颗粒离散元软件 PFC2D 开展。如图 2.13 所示，模型中各矿柱的宽度为 50mm，高度为 100mm。模拟试验中加载压头通过 PFC2D 中的墙体来模拟，而加载控制方式与室内试验相同，采用位移法，即通过上侧墙体的匀速移动来实现。压缩过程中，矿柱 I 和矿柱 II 内部均设置三个应力监测圆，取其平均值来计算各矿柱的应力，然后根据同一时刻矿柱的实际宽度计算出各矿柱所承担的荷载。双矿柱体系所承担的总荷载则根据上下两侧墙体上所受到的不平衡力计算得到。因二维模型在 z 轴方向没有变形且其厚度为单位值，计算单个矿柱所承担荷载时模型厚度取为 50mm。

PFC2D 模拟试验中为获得矿柱的宏观力学参数，需对颗粒的细观力学参数进行标定，本次试验采用模拟单轴加载试验的方法来标定各矿柱的细观力学参数。模拟中，颗粒的细观力学参数与排布方式均会影响各矿柱试样最终的宏观力学性能。因此，双矿柱体系中各矿柱的颗粒细观力学参数与排布方式均与参数标定时的设置保持一致。

2. 细观参数标定

岩石和混凝土类材料的模拟，其颗粒间黏结方式宜采用线性平行黏结模型。因此，本次模拟试验中，各矿柱试样颗粒均采用线性平行黏结方式。根据模拟试验设计标定方案，共标定 9 个矿柱，其颗粒基本细观参数见表 2.4，各矿柱模拟力学参数见表 2.5。

表 2.4　矿柱颗粒基本细观参数

最小半径/mm	最大最小 半径比	密度/ (kg/m³)	法向切向 刚度比	摩擦系数
3.5	1.5	2630	4	0.5

表 2.5　各矿柱模拟力学参数

矿柱编号	设计力学参数		模型细观力学参数			
	弹性模量/GPa	峰值荷载/kN	颗粒接触弹性模量/GPa	黏结弹性模量/GPa	黏结抗拉强度/MPa	黏结剪切强度/MPa
矿柱 1	3	100	2.84	2.84	37.20	18.60
矿柱 2	3	125	2.81	2.81	46.00	25.50
矿柱 3	3	150	2.81	2.81	57.00	28.50
矿柱 4	3	200	2.81	2.81	74.00	37.00
矿柱 5	3	250	2.80	2.80	91.20	45.60
矿柱 6	4	150	3.76	3.76	54.90	27.45
矿柱 7	5	150	4.72	4.72	55.40	27.70
矿柱 8	6	150	5.60	5.60	55.00	27.50
矿柱 9	7	150	6.55	6.55	55.00	27.50

3. 方案设计

各矿柱参数标定完成后,按矿柱的峰值荷载及弹性模量的差异设计双矿柱体系承载数值模拟试验。本次共设计两个系列的数值模拟试验[8],第一系列为不同弹性模量、相同峰值荷载双矿柱体系,共设计 5 组试验,各组试验中矿柱 I 及矿柱 II 的峰值荷载均为 150kN,且矿柱 I 的弹性模量均为 3GPa,而矿柱 II 的弹性模量分别为 3GPa、4GPa、5GPa、6GPa 和 7GPa;第二系列为不同峰值荷载、相同弹性模量双矿柱体系,同样共设计 5 组试验,各组试验中矿柱 I 及矿柱 II 的弹性模量均为 3GPa,且矿柱 I 的峰值荷载均为 100kN,而矿柱 II 的峰值荷载分别为 100kN、125kN、150kN、200kN、250kN。模拟试验中各矿柱具体参数分别见表 2.6 和表 2.7。

表 2.6　以弹性模量为变量的各矿柱参数

试验编号	矿柱 I			矿柱 II		
	矿柱编号	峰值荷载/kN	弹性模量/GPa	矿柱编号	峰值荷载/kN	弹性模量/GPa
C-1	矿柱 3	150	3	矿柱 3	150	3

试验编号	矿柱 I			矿柱 II		
	矿柱编号	峰值荷载/kN	弹性模量/GPa	矿柱编号	峰值荷载/kN	弹性模量/GPa
C-2	矿柱 3	150	3	矿柱 6	150	4
C-3	矿柱 3	150	3	矿柱 7	150	5
C-4	矿柱 3	150	3	矿柱 8	150	6
C-5	矿柱 3	150	3	矿柱 9	150	7

表 2.7　以峰值荷载为变量的各矿柱参数

试验编号	矿柱 I			矿柱 II		
	矿柱编号	峰值荷载/kN	弹性模量/GPa	矿柱编号	峰值荷载/kN	弹性模量/GPa
C-6	矿柱 1	100	3	矿柱 1	100	3
C-7	矿柱 1	100	3	矿柱 2	125	3
C-8	矿柱 1	100	3	矿柱 3	150	3
C-9	矿柱 1	100	3	矿柱 4	200	3
C-10	矿柱 1	100	3	矿柱 5	250	3

为揭示双矿柱体系变形破坏过程中弹性模量对各矿柱及双矿柱体系承载特征的影响，定义矿柱弹性模量比为

$$\text{EMR}_i = \frac{E_i}{E_{\text{I}} + E_{\text{II}}} \times 100\%, \quad i = \text{I, II} \tag{2.1}$$

式中，E_{I}、E_{II} 分别为矿柱 I 和矿柱 II 的弹性模量。

为定量评估变形破坏过程中各矿柱共同承载特征(荷载重分布规律)，定义矿柱荷载承担比例为

$$\text{LCR}_i = \frac{P_i}{P_{\text{I}} + P_{\text{II}}} \times 100\%, \quad i = \text{I, II} \tag{2.2}$$

式中，P_{I}、P_{II} 分别为矿柱 I 和矿柱 II 所承担荷载。

2.2.2 不同弹性模量双矿柱体系模拟结果

图 2.14 为不同弹性模量双矿柱体系承载特征。对于 C-1, 两矿柱具有相同的力学参数, 其变形破坏规律相似, 弹性变形阶段两矿柱均匀分担荷载, 其中一个矿柱劣化失稳, 另一矿柱也同时丧失承载能力, 双矿柱体系丧失承载能力。

而当两矿柱具有不同弹性模量时, 如 C-2～C-5, 矿柱Ⅱ的弹性模量比分别为 57.1%、62.5%、66.7%、70%, 压缩破坏过程中, 在加载初期, 高弹性模量矿柱所分担荷载较大, 随着外荷载的增加, 高弹性模量矿柱先丧失承载能力。加载至 m 点前, 高弹性模量矿柱所承载荷载持续增大, 且矿柱Ⅱ的荷载承担比例等于其弹性模量比, 分别为 57.1%、62.5%、66.7%、70%。在 m 点后, 矿柱Ⅱ开始进入塑性变形阶段, 其承载能力逐渐下降, 但矿柱Ⅰ仍处于弹性变形阶段, 荷载逐渐由矿柱Ⅱ向低弹性模量矿柱(矿柱Ⅰ)

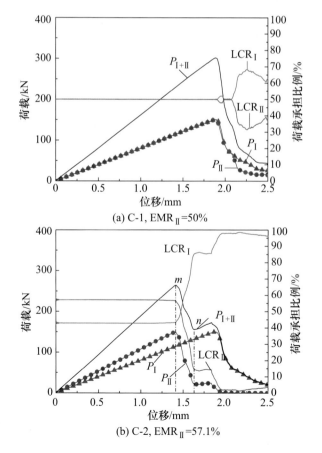

(a) C-1, EMR$_{\rm II}$=50%

(b) C-2, EMR$_{\rm II}$=57.1%

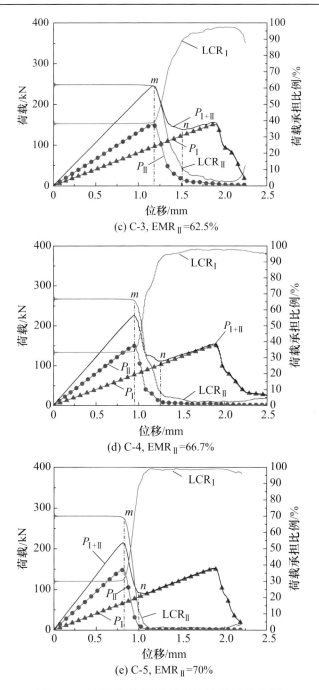

(c) C-3, EMR$_{\rm II}$=62.5%

(d) C-4, EMR$_{\rm II}$=66.7%

(e) C-5, EMR$_{\rm II}$=70%

图 2.14　不同弹性模量双矿柱体系承载特征

转移。加载到 n 点时，矿柱Ⅱ基本丧失承载能力，荷载重分布随之结束，从

图 2.14(c)～(e)可以看出，矿柱Ⅱ丧失承载能力后，矿柱Ⅰ仍未达到其峰值荷载，荷载承担比例趋近 100%。而当矿柱Ⅰ失稳破坏时，双矿柱体系也丧失承载能力。

　　图 2.15 为不同弹性模量双矿柱体系荷载-位移曲线。可以看出，C-1 中，双矿柱体系峰值荷载为 298.3kN，约为各矿柱峰值荷载之和。而 C-2～C-5 均存在两个局部荷载极大值。当高弹性模量矿柱(矿柱Ⅱ)劣化失稳时，出现第一个局部荷载极大值(C-2～C-5 分别为 265kN、245kN、226kN、215kN)，而第二个局部荷载极大值(约为 152kN)由低弹性模量矿柱(矿柱Ⅰ)的承载能力决定。比较两个局部荷载极大值可知，第一个局部荷载极大值为双矿柱体系的峰值荷载，即

$$F_{\text{I}+\text{II}} = \frac{F_{\text{II}}}{\text{EMR}_{\text{II}}} \tag{2.3}$$

式中，F_{II} 为矿柱Ⅱ的峰值荷载。

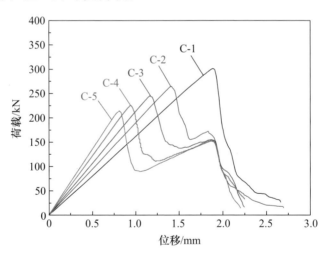

图 2.15　不同弹性模量双矿柱体系荷载-位移曲线

　　由上述分析可知，不同弹性模量双矿柱体系承载能力小于各矿柱峰值荷载之和，且两矿柱弹性模量差异越大，双矿柱体系承载能力越小。

2.2.3　不同峰值荷载双矿柱体系模拟结果

　　图 2.16 为不同峰值荷载双矿柱体系承载特征。如图 2.16(a)所示，当

两矿柱具有相同的力学性能时，各矿柱均匀承载，协调变形，且几乎同时丧失承载能力，这与之前结论一致。如图 2.16(b)～(e)所示，当两矿柱具有不同峰值荷载时，在加载初期弹性变形阶段，因两矿柱弹性模量相同，各矿柱荷载承担比例均为 50%，说明两矿柱协调变形且均匀分担外部荷载。加载到 m 点后，低强度矿柱(矿柱 I)逐渐丧失承载能力，矿柱 II 荷载承担比例逐渐增加，荷载逐渐向矿柱 II 转移。C-7 中矿柱 II 强度相对较低，其在荷载重分布过程中便失稳破坏，因此双矿柱体系也随之丧失承载能力。而C-8～C-10 中，加载到 n 点后，矿柱 I 基本丧失承载能力，荷载重分布结束，外荷载基本由矿柱 II 承载。C-7 及 C-8 中，矿柱 II 失稳时双矿柱体系荷载小于矿柱 I 失稳时双矿柱体系荷载，而 C-9 中两荷载基本相同，C-10 中第二个局部荷载极大值大于第一个局部荷载极大值。

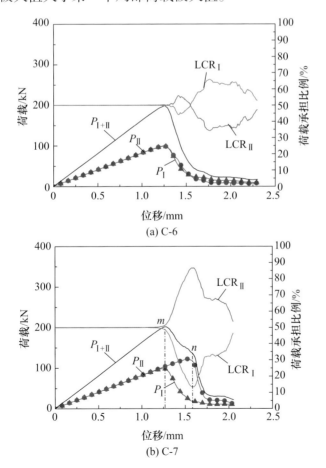

(a) C-6

(b) C-7

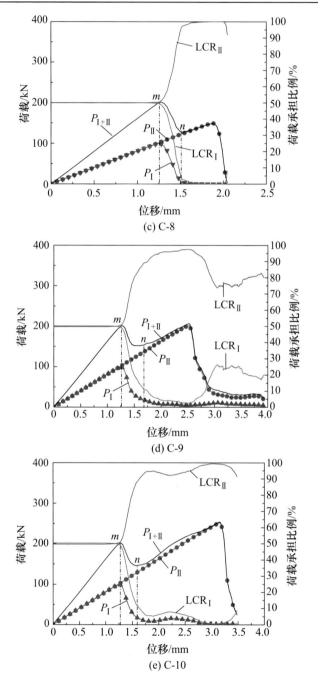

图 2.16　不同峰值荷载双矿柱体系承载特征

图 2.17 为不同峰值荷载双矿柱体系荷载-位移曲线。可以看出，压缩破

坏过程中, C-8~C-10 存在两个局部荷载极大值, 第一个局部荷载极大值 (约 200kN)出现在低强度矿柱(矿柱Ⅰ)失稳时, 而第二个局部荷载极大值出现在高强度矿柱(矿柱Ⅱ)完全劣化时。当高强度矿柱承载能力足够大时, 双矿柱体系的第二个局部极大值大于第一个局部极大值。

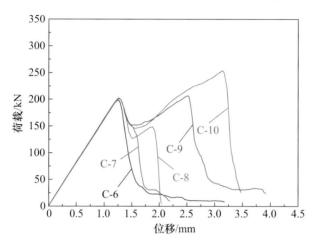

图 2.17　不同峰值荷载双矿柱体系荷载-位移曲线

2.3　双矿柱体系共同承载及失稳特征

2.3.1　双矿柱体系承载特征

为揭示双矿柱体系共同承载及变形破坏的力学机制, 建立如图 2.18 所示的分析模型, 在变形过程中, 当双矿柱体系竖直方向压缩位移为 u 时, 矿柱Ⅰ及矿柱Ⅱ的压缩位移分别为 $u_Ⅰ$ 及 $u_Ⅱ$。

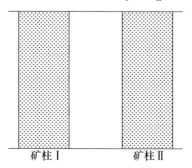

图 2.18　位移控制作用下双矿柱体系分析模型

其静态平衡关系可表述为

$$u = u_{\mathrm{I}} = u_{\mathrm{II}} \tag{2.4}$$

各矿柱所承担的荷载 P_{I} 及 P_{II} 分别为

$$P_{\mathrm{I}} = f(u_{\mathrm{I}})u_{\mathrm{I}} \tag{2.5}$$

$$P_{\mathrm{II}} = f(u_{\mathrm{II}})u_{\mathrm{II}} \tag{2.6}$$

式中，$f(u_{\mathrm{I}})$、$f(u_{\mathrm{II}})$ 分别为矿柱 Ⅰ 及矿柱 Ⅱ 的变形函数。

因此，双矿柱体系所承担的荷载可表示为

$$P_{\mathrm{I+II}} = P_{\mathrm{I}} + P_{\mathrm{II}} \tag{2.7}$$

根据室内试验及数值模拟试验结果(见表 2.2 和表 2.8)可知，当两矿柱具有相同力学参数时，双矿柱体系的峰值荷载为

$$F_{\mathrm{I+II}} \approx F_{\mathrm{I}} + F_{\mathrm{II}} \tag{2.8}$$

式中，F_{I}、F_{II} 分别为矿柱 Ⅰ 和矿柱 Ⅱ 的峰值荷载。

表 2.8　模拟试验中各矿柱及双矿柱体系的峰值荷载

试验类型	试验编号	矿柱 Ⅰ 峰值荷载/kN	矿柱 Ⅱ 峰值荷载/kN	双矿柱体系峰值荷载/kN	各矿柱峰值荷载之和/kN
相同力学性能	C-1	150	150	300	300
	C-6	100	100	200	200
不同力学性能	C-2	150	150	265	300
	C-3	150	150	245	300
	C-4	150	150	226	300
	C-5	150	150	215	300
	C-7	100	125	201	225
	C-8	100	150	201	250
	C-9	100	200	206	300
	C-10	100	250	254	350

在实际工程中，两矿柱力学参数存在一定差异，因此双矿柱体系的峰值荷载并不能简单地根据式(2.8)计算。

如果两个矿柱具有相同的峰值荷载，但存在弹性模量的差异，其各矿柱及双矿柱体系的荷载-变形规律可简化为图 2.19。在相同位移条件下，

因矿柱 II 弹性模量较大，其所承担荷载也较大。而当矿柱 II 达到其峰值荷载 (F_{II}) 时，双矿柱体系出现第一个局部荷载极大值。此时，矿柱 I 仍处于弹性承载阶段，其承担荷载可联立式(2.4)~式(2.7)计算得到

$$P_{I} = F_{II}\frac{f(u_{I})}{f(u_{II})} < F_{I} \tag{2.9}$$

双矿柱体系所承担的荷载可表示为

$$P_{I+II} = F_{II} + F_{II}\frac{f(u_{I})}{f(u_{II})} \tag{2.10}$$

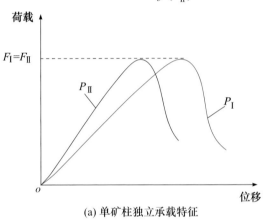

(a) 单矿柱独立承载特征

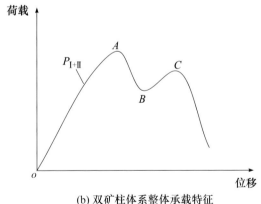

(b) 双矿柱体系整体承载特征

图 2.19　不同弹性模量、相同峰值荷载双矿柱体系承载特征

矿柱 II 达到峰值荷载后，双矿柱体系荷载也由 A 点下降至 B 点。双矿柱体系继续变形过程中，矿柱 I 所承担荷载持续增大并达到其承载极限，双矿柱体系荷载也增大至 C 点。此时，C 点荷载为

$$P_{I+II} = F_I \tag{2.11}$$

因矿柱Ⅰ及矿柱Ⅱ具有相同的峰值荷载，双矿柱体系在 C 点所承担的荷载必定小于 A 点。因此，第一个局部荷载极大值为双矿柱体系的峰值荷载，即

$$F_{I+II} = P_{I+II} = F_{II} + F_{II}\frac{f(u_I)}{f(u_{II})} \tag{2.12}$$

由式(2.12)及图 2.19 可知，双矿柱体系峰值荷载小于矿柱Ⅰ及矿柱Ⅱ峰值荷载之和。

由不同弹性模量双矿柱体系数值模拟(见图 2.14)与室内试验可知，当矿柱Ⅱ达到其承载极限时，矿柱Ⅰ的位移分别为 1.41mm、1.17mm、0.942mm 及 0.813mm，相应双矿柱体系峰值荷载分别为 265kN、245kN、226kN 及 215kN。因此，矿柱弹性模量差异越大，双矿柱体系峰值荷载越小。

同理，对于相同弹性模量、不同峰值荷载的双矿柱体系，其各矿柱及双矿柱体系承载特征可简化为图 2.20。在加载初期，矿柱Ⅰ和矿柱Ⅱ均匀

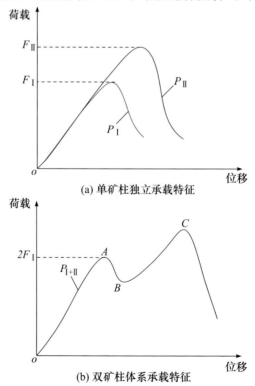

(a) 单矿柱独立承载特征

(b) 双矿柱体系承载特征

图 2.20　不同峰值荷载、相同弹性模量的双矿柱体系承载特征

承担荷载,当矿柱 I 达到其承载极限时,双矿柱体系出现第一个局部荷载极大值,即

$$P_{\text{I}+\text{II}} = 2F_{\text{I}} \tag{2.13}$$

随后,荷载重分布,双矿柱体系荷载由 A 点下降至 B 点。荷载调整结束后,外部荷载几乎由矿柱 II 完全承担。如果荷载调整过程中,矿柱 II 也丧失承载能力,则 A 点为双矿柱体系所承担的荷载峰值点。如果矿柱 II 承载能力足够大(大于 $2F_{\text{I}}$),则荷载调整结束后,双矿柱体系所承担荷载持续增加,且第二个局部荷载极大值(C 点)将大于第一个局部荷载极大值。此时,双矿柱体系所承担的荷载为

$$P_{\text{I}+\text{II}} = F_{\text{II}} \tag{2.14}$$

根据上述讨论,可知相同弹性模量、不同峰值荷载双矿柱体系承载变形过程中,其峰值荷载计算式为

$$F_{\text{I}+\text{II}} = \begin{cases} 2F_{\text{I}}, & F_{\text{II}} \leqslant 2F_{\text{I}} \\ F_{\text{II}}, & F_{\text{II}} > 2F_{\text{I}} \end{cases} \tag{2.15}$$

2.3.2 双矿柱体系失稳特征

矿柱的压缩变形与破坏过程中,伴随着围岩能量的积累与释放。为分析双矿柱体系失稳特征,可假设矿柱与围岩均为理想弹性体。单矿柱与围岩静态平衡力学机理如图 2.21 所示。

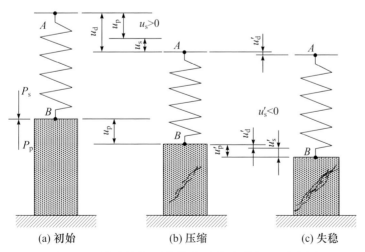

图 2.21 单矿柱与围岩静态平衡力学机理示意图

围岩加载系统 A 点的压缩位移为 u_d，相应矿柱压缩位移为 u_p，则围岩系统变形量可表示为

$$u_s = u_d - u_p \tag{2.16}$$

此时，围岩内部荷载为

$$P_s = k_s u_s \tag{2.17}$$

式中，k_s 为围岩系统的刚度系数，恒为正数。

围岩系统所储存的能量为

$$W_s = \int k_s u_s \mathrm{d} u_s \tag{2.18}$$

矿柱所承担荷载 P_p 为

$$P_p = k_p u_p \tag{2.19}$$

式中，k_p 为矿柱的刚度系数，在峰值荷载前为正数，在峰值荷载后为负数。

对于整个矿柱及围岩系统，其静态应力平衡条件（$P_s = P_p$）可表述为

$$k_s u_s = k_p u_p \tag{2.20}$$

按照某种方式控制 A 点的位移对矿柱进行加载，静态平衡时，B 点的位移及围岩系统变形量为

$$u_p = \frac{k_s u_d}{k_s + k_p} \tag{2.21}$$

$$u_s = \frac{k_p u_d}{k_s + k_p} \tag{2.22}$$

加载过程中，如果矿柱的刚度系数大于零，由于围岩刚度系数恒为正，由式(2.20)和式(2.22)可知，围岩系统储存能量。然而，矿柱力学性能会因塑性变形及裂纹扩展而劣化，其刚度系数逐渐减小。如图 2.22 所示，峰值荷载后矿柱刚度系数为负数，围岩系统开始释放能量。

随着矿柱的逐渐劣化，其刚度系数逐渐降低。峰后阶段如果 $k_s + k_p > 0$，则矿柱稳定劣化至失稳，围岩系统缓慢释放能量。而当矿柱刚度系数降低过程中 $k_s + k_p$ 趋近零时，矿柱被迅速压缩，围岩系统急速释放能量，矿柱将由稳定失稳向非稳定失稳转变。

因此，当矿柱的围岩系统刚度系数足够大时，有

$$k_s + k_p > 0 \qquad (2.23)$$

矿柱出现稳定失稳。而当矿柱刚度系数和围岩刚度系数不满足式(2.23)时，矿柱出现非稳定失稳。

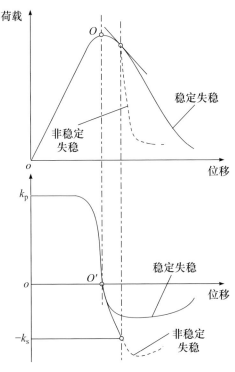

图 2.22　矿柱破坏模式判断准则

如图 2.23 所示，假设双矿柱体系承载变形过程中各矿柱具有相同的变形量，根据矿柱体系与围岩加载系统的平衡条件 $P_s = P_p$，可得

$$k_s u_s = (k_{pI} + k_{pII}) u_p \qquad (2.24)$$

式中，k_{pI}、k_{pII} 分别为矿柱 I 和矿柱 II 的刚度系数。

按照某种方式控制 A 点的位移对矿柱进行加载，静态平衡时，B 点的位移及围岩系统变形量为

$$u_p = \frac{k_s u_d}{k_s + k_{pI} + k_{pII}} \qquad (2.25)$$

$$u_s = \frac{(k_{pI} + k_{pII})u_d}{k_s + k_{pI} + k_{pII}} \tag{2.26}$$

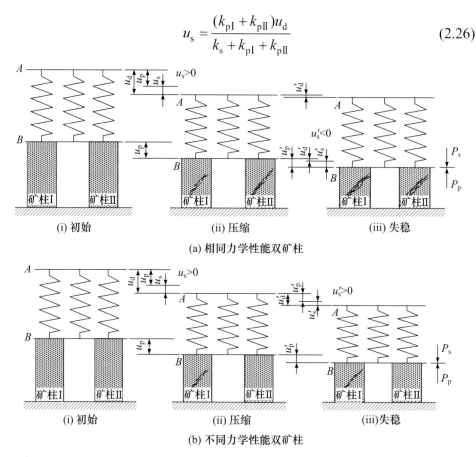

图 2.23　双矿柱静态平衡力学机理示意图

如图 2.23(a)所示，在变形过程中，如果矿柱Ⅰ和矿柱Ⅱ力学性能相同，同时进入塑性破坏阶段，则 $k_{pI} + k_{pII} < 0$，围岩开始释放能量，峰后阶段如果 $k_s + k_{pI} + k_{pII} > 0$，则双矿柱体系稳定劣化而失稳，围岩缓慢释放能量。在矿柱刚度系数持续降低过程中，当 $k_s + k_{pI} + k_{pII}$ 趋近零时，双矿柱被迅速压缩，围岩急速释放能量，矿柱由稳定失稳向非稳定失稳转变。

如图 2.23(b)所示，变形过程中，如果矿柱Ⅰ和矿柱Ⅱ力学性能不同，且矿柱Ⅰ先进入塑性变形阶段，其刚度系数逐渐减小，而矿柱Ⅱ仍处于弹性阶段，则矿柱Ⅰ围岩系统刚度系数可表示为

$$k_{pI} = k_s + k_{pII} \tag{2.27}$$

　　由上述分析可知，矿柱所处的应力和外部能量环境对其破坏方式及承载特征均有较大影响。单矿柱压缩过程中，随着荷载的持续增加，加载体系(试验机)储存的弹性能也相应增加，当矿柱无法承受外荷载时，加载体系(试验机)储存的能量便会迅速释放，造成矿柱裂纹的迅速扩展与承载能力的突然下降。相同力学性能双矿柱体系压缩过程中，当其中一个矿柱不足以承受外荷载时，另一个矿柱也已处于临界失稳状态，失稳矿柱所储存的能量无处转移，最终围岩所积累的弹性能突然释放导致双矿柱体系的剧烈破坏。不同力学性能双矿柱体系在压缩过程中，随着外部荷载的不断增加，当低强度矿柱出现塑性屈服或裂纹扩展造成承载能力弱化时，荷载将向高强度矿柱转移，双矿柱体系释放弹性能，低强度矿柱中裂纹持续演化，不断吸收并消耗系统能量，从而避免双矿柱体系突然劣化失稳现象的发生。

参 考 文 献

[1] Luong M P. Infrared thermovision of damage processes in concrete and rock[J]. Engineering Fracture Mechanics, 1990, 35(1-3): 291-301.

[2] Raynaud S, Vasseur G, Soliva R. In vivo CT X-ray observations of porosity evolution during triaxial deformation of a calcarenite[J]. International Journal of Rock Mechanics and Mining Sciences, 2012, 56: 161-170.

[3] Song X Y, Li X L, Li Z H, et al. Study on the characteristics of coal rock electromagnetic radiation (EMR) and the main influencing factors[J]. Journal of Applied Geophysics, 2018, 148: 216-225.

[4] 周子龙, 陈璐, 赵源, 等. 双矿柱体系变形破坏及承载特性的试验研究[J]. 岩石力学与工程学报, 2017, 36(2): 420-428.

[5] 尤明庆. 基于粘结和摩擦特性的岩石变形与破坏的研究[J]. 地质力学学报, 2005, 11(3): 286-292, 258.

[6] Salamon M D G. Stability, instability and design of pillar workings[J]. International Journal of Rock Mechanics and Mining Sciences & Geomechanics Abstracts, 1970, 7(6): 613-631.

[7] Tang C A, Yang W T, Fu Y F, et al. A new approach to numerical method of modeling geological processes and rock engineering problems-continuum to discontinuum and linearity to nonlinearity[J]. Engineering Geology, 1998, 49(3-4): 207-214.

[8] Zhou Z L, Chen L, Zhao Y, et al. Experimental and numerical investigation on the bearing and failure mechanism of multiple pillars under overburden[J]. Rock Mechanics and Rock Engineering, 2017, 50(4): 995-1010.

第3章　多矿柱体系承载与失稳特征

地下矿床开采后，因矿柱群连锁失稳造成的矿区坍塌灾害时有发生。从相关事故的调查结果来看，地下多矿柱体系中，任一矿柱的失稳破坏均会造成其相邻矿柱荷载重分布，如果在荷载重分布过程中发生多个矿柱失稳，将可能出现"多米诺骨牌"式连锁反应，造成矿区大范围坍塌[1,2]。因此，有必要对多矿柱失稳机理进行深入研究。本章开展多矿柱体系的力学模型试验，并结合应力与位移监测结果，分析多矿柱体系的承载及变形破坏特征，讨论不同条件下多矿柱体系坍塌灾害诱发条件及失稳传递规律，为复杂采空区灾害机理认识和防治提供依据。

3.1　模型设计与准备

本章依托中南大学自主研发的复杂参数岩体力学相似模型试验系统开展相似材料模型试验，多矿柱模型示意图如图 3.1 所示，共设置 6 个矿

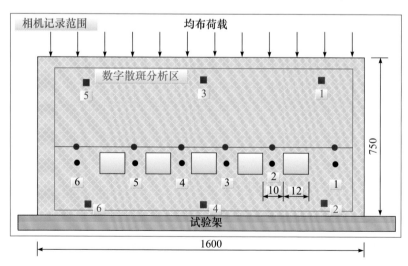

图 3.1　相似模拟试验多矿柱模型示意图(单位：mm)

■声发射探头；● 位移监测点；● 应力传感器；—— 位移监测线

柱，通过模型顶部的压头，以位移控制方式对其进行加载，直至其基本丧失承载能力。在加载过程中，对位移、声发射及应力等参数进行实时监测。

1. 试验系统主要技术指标

如图 3.2 所示，试验系统由模型试验台架、加载系统及监测系统组成。模型试验台架容许最大模型尺寸为 1600mm×800mm×200mm(长×高×宽)，加载系统由伺服控制液压油系统及加载油缸组成，竖向压头上端与两个

(a) 模型正面

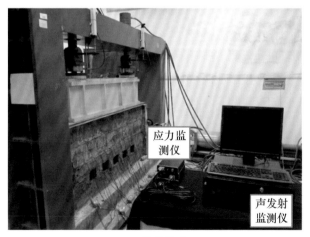

(b) 模型背面

图 3.2　复杂参数岩体力学相似模型试验系统

连通的液压油缸连接，而加载压头下边安装一层柔性橡胶，该柔性橡胶具有应力调整功能，可保证试验过程中模型顶部受均布荷载作用[3]，加载系统能提供的最大荷载为300kN。

监测系统包括接触监测系统和非接触监测系统两部分，其中接触监测系统由应力监测系统和声发射监测系统组成。应力监测系统由应力传感器和应力监测仪组成，根据试验设计方案，模型制作时便将应力传感器埋设于模型内部，应力数据采样间隔为0.1s。声发射监测采用PCI-2型声发射系统(配备NANO-30型探头)，信号采集频率设置为125～750kHz。信号监测时，前置放大器增益设为40dB，声发射信号采集门槛值为50dB。

非接触监测系统由CCD相机、镜头、光源、图像采集卡、计算机及基于数字散斑相关技术的变形分析软件组成。相机型号为BaslerPiA 2400-17gm，最高分辨率为2456像素×2058像素，最高图像储存速度为75MB/s。可根据被测物体尺寸特征与试验要求，调节图像分辨率及采集帧率。因试验图像采集窗口物理尺寸较大，为保证试验效果，镜头选用8mm定焦低畸变工业镜头(型号为M0823-MPW2)。如图3.1所示，试验图像采集窗口包含整个模型，其分辨率为2448像素×1300像素，图像储存频率为10Hz，数字散斑分析窗口物理尺寸为1580mm×680mm，分辨率为1400像素×600像素。数字散斑监测时，要求被测物体表面的散斑图像具有一定对比度，通常采用喷漆方式对被测物体表面进行散斑处理[4,5]。然而，本次物理模型较大，散斑喷漆效果不理想，采用传统散斑制作方法很难得到理想的散斑分布。为此，本次试验散斑制作采用粘贴特征点方法，即根据散斑图像的分布特征制作并粘贴特征点[6,7]。

2. 模型尺寸设计及材料选择

通过室内相似材料模型试验研究采矿或岩土工程领域相关问题时，要求室内模型与所研究的工程原型间满足相似定理，即模型在几何尺寸、边界条件、应力条件及相似材料的密度、强度、弹性模量等方面与工程原型满足一定的比例关系[8]。具体的相似比例关系为

$$C_E = C_\rho C_L \tag{3.1}$$

$$C_\mu = C_\varepsilon = 1 \tag{3.2}$$

$$C_\sigma = C_\tau = C_\delta = C_E \tag{3.3}$$

式中，C_E、C_ρ、C_L、C_μ、C_ε、C_σ、C_τ、C_δ 分别为工程原型与室内模型的弹性模量、密度、几何尺寸、泊松比、应变、应力、强度及位移的相似比例。

本次模型试验基于湖南某矿工程条件(矿柱分布及岩体力学特性)，设计多矿柱体系相似模型。该矿南部矿体采用房柱法开采，因矿体埋深的变化，开采后遗留矿柱所需承担荷载不同，但矿柱尺寸基本保持一致，因而局部采空区出现矿柱剥离现象。如图 3.3 所示，矿柱尺寸为 5m×5m(宽×高)，矿房宽度为 6m。通过现场岩芯采集及室内力学试验测试，所得矿柱及其围岩体力学参数见表 3.1，因受节理裂隙的影响，岩体强度变化较大。根据上述相似理论，结合模型试验台架的尺寸，确定本次试验的几何尺寸比为 50∶1。因此，本次试验相似模型外围尺寸为 1600mm×750mm×200mm(长×宽×高)，相应的矿柱为 100mm×100mm×120mm(长×宽×高)。为避免矿体开挖而影响矿柱的尺寸及力学性能。模型制作时，在模型中预留 5 个采空区，留设 6 个矿柱，其中 1、6 号矿柱为采区隔离或边界矿柱(关键矿柱)，2、3、4、5 号矿柱为采区矿柱。各矿柱的力学性能差异对矿柱体系承载及破坏特征影响较大，且承载能力较低的矿柱先出现失稳破坏，并造成应力的传递。为研究

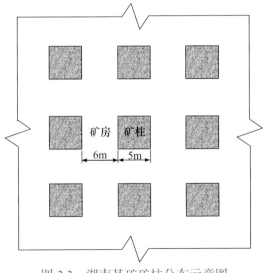

图 3.3　湖南某矿矿柱分布示意图

局部矿柱失稳诱发多矿柱连续倒塌灾害机理，模型设计 3 号矿柱为承载能力较低矿柱，在试验中最先破坏。

表 3.1　相似材料力学参数

材料类别	密度/(kg/m³)	强度/MPa	弹性模量/GPa
原型	2600～2800	105～160	10～13
材料 1	2700	2.8	0.24
材料 2	2700	2.6	0.21

　　基于相似模拟试验研究具体工程问题时，选择合适的相似材料十分重要[9-11]。由于可选用的相似材料较多，在充分考虑材料成本及物理力学性能等因素后，选取石膏作为黏结材料，重晶石粉和石英砂作为骨料，铁粉作为比重调节材料。经过多次相似材料配比及力学测试试验，获得满足试验要求的相似材料配比。本次试验共配制两组材料，材料 1 中重晶石粉、石英砂、铁粉、水、石膏重量比为 4∶3.5∶1.5∶2∶1，材料 2 中重晶石粉、石英砂、铁粉、水、石膏重量比为 4∶3∶1.5∶2∶0.9。通过室内压缩试验获得相似材料力学参数，见表 3.1。

　　模型的制作采用连续分层浇筑法，模型主体由表 3.1 中材料 1 浇筑而成，而 3 号矿柱则由材料 2 浇筑而成，其力学性能相对较弱。此外，为避免因矿柱应力传感器的安装而造成矿柱承载能力的损伤，模型浇筑时便在各矿柱中心位置埋设应力传感器以记录模型压缩过程的应力信息。拆模后，将模型正面磨平，并根据非接触数字散斑相关测量技术要求在模型表面布置均匀、离散的斑点，试验过程中记录模型表面的变形信息。同时，在模型背面布置 6 个声发射传感器，用以监测模型裂纹扩展产生的声发射信息。

3.2　模型试验结果及分析

　　矿柱的主要功能之一是支撑上覆岩层，保证地下工程的工作空间及围岩稳定。受顶板自重、采矿活动及自身力学行为等因素的影响，当矿柱外部荷载达到其承载极限时发生失稳破坏。本次试验对模型进行加载，使模型中矿柱达到承载极限而破坏，直到多矿柱体系基本丧失承载能力时停止加载。

1. 失稳破坏过程

多矿柱体系变形破坏过程如图 3.4 所示。加载初期,各矿柱基本均匀变形,随着外荷载的逐渐增大,部分矿柱开始出现表层剥落现象,2 号矿柱及 3 号矿柱间出现顶板拉伸裂纹,随后 1~5 号矿柱丧失承载能力,其所支撑顶板整体下沉。

(a) 开始加载

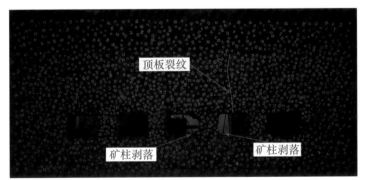

(b) 裂纹扩展

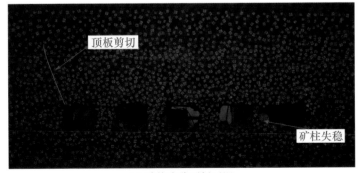

(c) 矿柱失稳顶板下沉

图 3.4 多矿柱体系变形破坏过程

2. 矿柱应力特征

模型加载过程中，多矿柱体系应力-时间曲线如图 3.5 所示，各矿柱应力-时间曲线如图 3.6 所示。加载初期，多矿柱体系的荷载均匀增加，各矿柱所承担荷载也逐渐增加。随试验机所施加的外荷载进一步增大，多矿柱体系应力随时间的增长速度开始变缓，其支撑能力开始弱化。但此时，矿柱应力仍表现为快速增加。

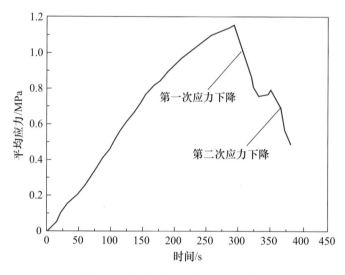

图 3.5　多矿柱体系应力-时间曲线

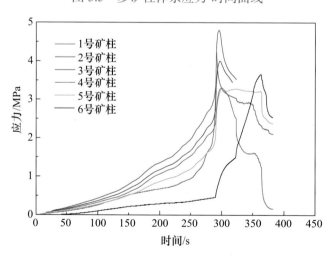

图 3.6　各矿柱应力-时间曲线

从图 3.5 可以看出，加载到 292s 后，多矿柱体系承载能力开始下降，随后出现持续约 30s 的应力平台，说明此段时间内，多矿柱体系内局部承载单元弱化，并造成多矿柱体系应力重新调整，多矿柱体系保持一定的承载能力(为峰值荷载的 65.8%~68.9%)。从图 3.6 可以看出，各矿柱核心应力迅速增大，且其峰值应力大于矿柱的单轴抗压强度。从图 3.7(a) 可以看出，此时 1、2、3、4 号矿柱出现明显的应变集中区，多矿柱体系所承担荷载出现第一次快速下降现象。此后，5 号矿柱应力在约 3.2MPa 水平持续 70s 左右，说明此段时间内，该矿柱承载能力基本保持不变。从图 3.7(b) 可以看出，此时 6 号矿柱表面并未发现明显的应变集中，说明在此阶段，6 号矿柱仍保持均匀变形，可被持续压缩并有较大的承载力。

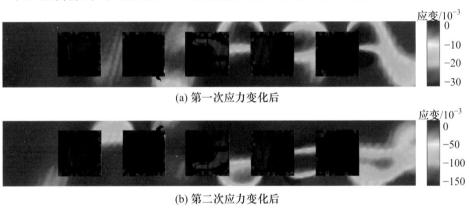

(a) 第一次应力变化后

(b) 第二次应力变化后

图 3.7　两次应力变化后矿柱竖直方向应变云图

加载到 360s 后，5、6 号矿柱核心应力也出现迅速下降现象，多矿柱体系所承担的荷载出现第二次快速下降现象，此后多矿柱体系基本丧失承载能力。需要说明的是，在加载初期，6 号矿柱应力相对较小，可能是埋设应力传感器时，在应力传感器周边有部分空隙未填实或传感器自身缺陷造成的。其应力-时间曲线虽不能完全代表 6 号矿柱核心的真实应力，但仍可用于描述其应力变化规律。

3. 位移变化及裂纹扩展规律

采用数字散斑相关技术监测顶板及矿柱位移与变形信息，几个典型时刻的位移场云图如图 3.8 所示。可以看出，在加载初期，顶板均匀下沉。随着荷载的增大，因 3 号矿柱弹性模量及强度均较小，加载至 292s 时，2

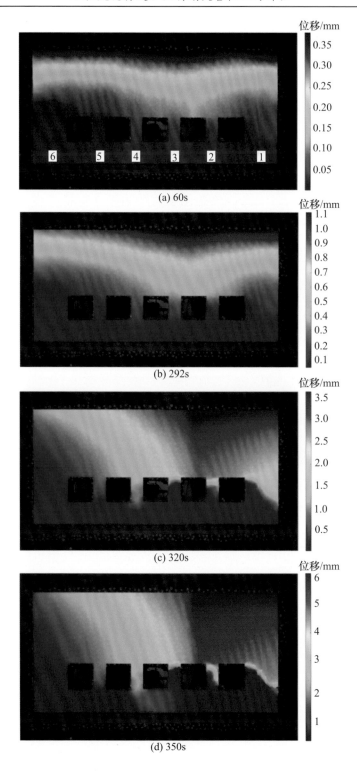

(a) 60s

(b) 292s

(c) 320s

(d) 350s

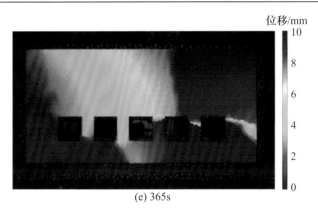

图 3.8　典型时刻的位移场云图

号矿柱和 3 号矿柱上方下沉位移变大，顶板变形逐渐由均匀下沉向弯曲下沉转变。加载至 320s 后，1、2、3 号矿柱顶底板位移差距较大，矿柱出现裂纹扩展，且 2 号矿柱和 3 号矿柱间顶板竖直方向相对位移明显。此后，1 号矿柱和 2 号矿柱上方顶板位移迅速增加，顶板出现明显的非均匀沉降。但 5 号矿柱和 6 号矿柱顶板位移仍较小。加载至 365s 后，6 号矿柱右上方出现明显的位移不协调现象，说明此时该区域已经出现剪切滑移。

　　图 3.9 给出了压缩破坏过程中模型的位移矢量变化特征。可以看出，从加载开始至 292s，模型顶部位移较小，且顶板下沉相对均匀，说明此阶段模型处于弹性承载阶段。完成 292～320s 的加载后，2 号矿柱及 3 号矿柱间矿房顶板位移矢量出现非均匀变化，说明该区域可能已经形成贯通裂纹，多矿柱体系被顶板裂纹分割成相对独立的承载结构。随后，在 320～350s 时间段内，以顶板竖向裂纹为分界的模型左右两侧出现明显非协调变形，模型右侧位移矢量明显大于左侧，如图 3.9(d)所示。而 350s 后，6 号矿柱上方顶板也出现非协调变形，其右上侧位移较大，而左上侧位移较小，此时 6 号矿柱右上方出现宏观剪切裂纹。经过 350～365s 加载后，1～5 号矿柱所支撑顶板均有较大位移，这进一步说明此时多矿柱体系基本丧失承载能力，顶板大面积垮落。多矿柱体系基本丧失承载能力后，其最终破坏形态如图 3.10 所示。

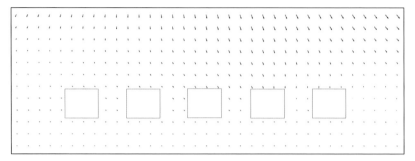

(a) 0～60s

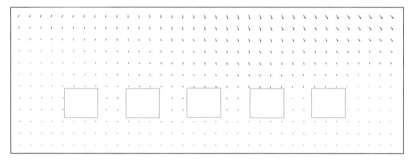

(b) 60～292s

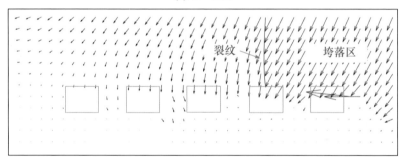

(c) 292～320s

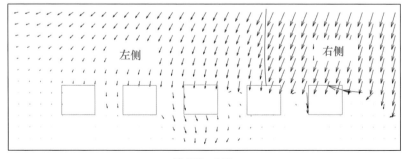

(d) 320～350s

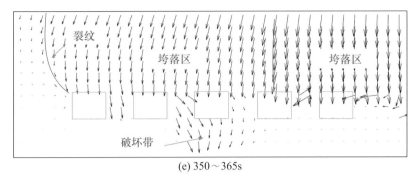

(e) 350~365s

图 3.9 压缩破坏过程中模型的位移矢量变化特征

(a) 整体破坏形态

(b) A区域 　　　　(c) B区域 　　　　(d) C区域

图 3.10 最终破坏形态

4. 承载及失稳特征

模型加载过程中，因 3 号矿柱力学性能相对较弱，其上方顶板下沉较快，进而造成顶板的不均匀变形。如图 3.11 所示，顶板沉降曲线表现为以 3 号矿柱为特征位置的凹字形态。

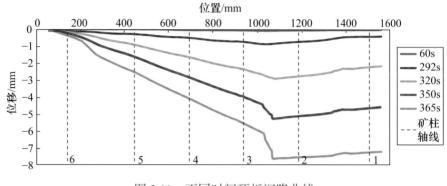

图 3.11　不同时间顶板沉降曲线

随外荷载的增加，矿柱间的荷载重分布，且变形量各不相同，2 号、3 号、4 号矿柱同时具有较大的压缩变形量，如图 3.12 所示。随着顶板不均匀变形的逐渐发展，在 2 号和 3 号矿柱间矿房上方最先出现微小裂纹。完整的多矿柱体系会以 2 号、3 号矿柱间的顶板裂纹为分界，形成 1 号、2 号矿柱-顶板及 3 号、4 号、5 号、6 号矿柱-顶板两个相对独立的承载体系。

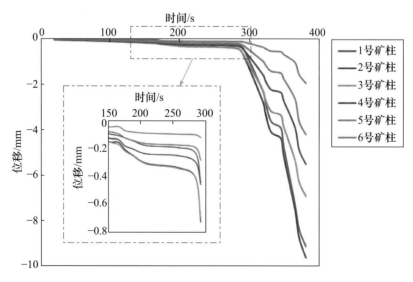

图 3.12　各测点顶板位移-时间曲线

如图 3.13 所示，将模型右侧由 1 号、2 号矿柱-顶板组成的承载体系简

称 R 承载体系，左侧 3 号、4 号、5 号、6 号矿柱-顶板组成的承载体系简称
L 承载体系。

在加载过程中，模型发生第一次局部失稳时，R 承载体系因其支撑能
力的弱化，顶板出现较大沉降且其位移持续快速增长，L 承载体系上方顶
板沉降较小，模型顶板处于不协调变形状态。L 承载体系中 3 号、4 号、5
号矿柱进入峰后承载阶段，原本应由 3 号、4 号、5 号矿柱承担的荷载向 6
号矿柱转移，此时承载体系形成类似于悬臂梁受力结构，6 号矿柱上方顶
板受弯矩和剪切荷载的共同作用。最终顶板断裂，多矿柱体系被分割成 3
个相对独立的承载结构，第一承载结构为 1 号、2 号矿柱及顶板，第二承
载结构为 3 号、4 号、5 号矿柱及顶板，第三承载结构为 6 号矿柱及顶板，
其中第一承载结构及第二承载结构为非稳定结构。布置于模型上的声发射传
感器监测结果也显示了多矿柱体系的两次突发性失稳特征，如图 3.14 所示。

在加载过程中，受 3 号矿柱失稳的影响，顶板发生不均匀沉降并最终出
现拉伸裂纹，多矿柱模型以顶板裂纹为分界，从整体上被分割为多个相对独
立的局部承载体系。试验过程中出现了两次顶板快速下沉事件，第一次为因

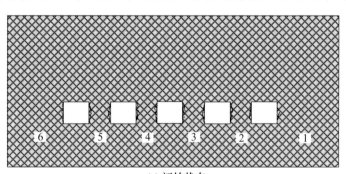

(a) 初始状态

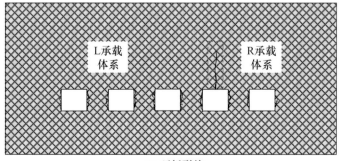

(b) 顶板裂纹

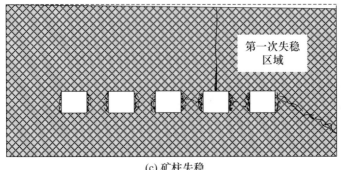

(c) 矿柱失稳

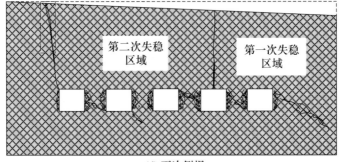

(d) 再次倒塌

图 3.13 裂纹扩展过程

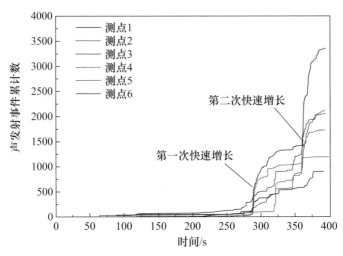

图 3.14 各测点声发射事件累计数-时间曲线

矿柱失稳而诱发的 L 承载体系的坍塌，第二次为因顶板剪切而诱发的 R 承载体系的坍塌。试验结果也在一定程度上反映出多矿柱体系的坍塌灾害以局部承载结构为基本单元，研究成果可为采空区灾害的防治提供理论支撑。

3.3　多矿柱体系矿柱顶板失稳模式

地下矿床开采中留设矿柱支撑上覆岩层，从而形成矿柱-顶板承载体系。受地质条件、采矿方法及矿柱尺寸等因素的影响，矿柱-顶板承载体系失稳机理及破坏特征也将各不相同。根据矿柱及顶板的稳定情况，可将破坏模式分为以下几类。

1. 矿柱失稳、顶板稳定

矿柱-顶板承载体系中，如果矿柱承载能力较差而顶板承载能力较强，当矿柱承载能力逐渐弱化并最终失稳倒塌时，采区矿柱所承担荷载会通过顶板向边界矿柱转移，此时上覆岩层荷载均由边界矿柱承担，如图 3.15所示。顶板将集聚大量应变能，当边界矿柱上方顶板受拉剪作用而出现裂纹时，独立采区范围内顶板将同时下沉并释放应变能诱发大规模动力灾害。例如，山东省平邑县万庄石膏矿区，因采空区内石膏矿柱长期暴露在富含水的潮湿空气中，逐渐风化、剥蚀、吸水软化泥化，加之石膏有蠕变特性，其承载能力逐渐降低，最终失稳倒塌，但其上覆基本顶完整且承载能力较强，随着倒塌矿柱数量的逐渐增加，悬顶面积逐渐增大，最终采空区内顶板突然下沉诱发大规模坍塌灾害。如图 3.15(a)、(b)、(d)所示，此类采空区坍塌灾害诱发机制及失稳特征为：矿柱失稳，应力逐渐向边界矿柱转移，顶板破坏并释放能量，最终诱发大型动力灾害。

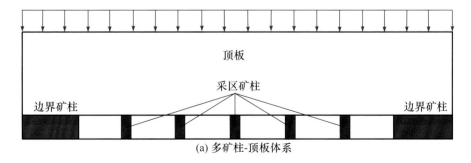

(a) 多矿柱-顶板体系

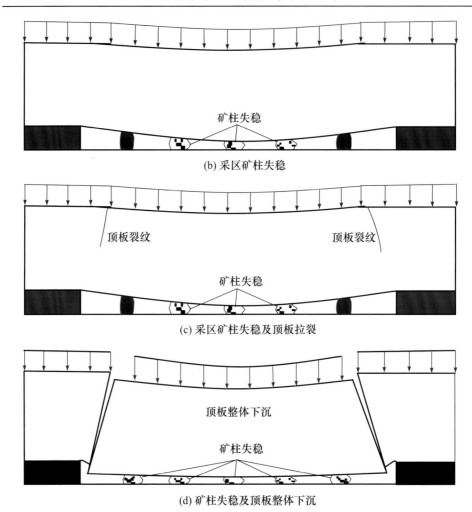

(b) 采区矿柱失稳

(c) 采区矿柱失稳及顶板拉裂

(d) 矿柱失稳及顶板整体下沉

图 3.15　矿柱-顶板承载体系失稳模式

2. 顶板破坏、矿柱稳定

矿柱-顶板承载体系中，如果矿柱承载能力较强，而顶板承载能力较弱，如顶板受地质结构、节理弱面及不合理采矿设计等因素影响，出现非均匀沉降并诱发拉伸裂纹，在顶板拉伸破坏后，多矿柱承载体系将分为两个或多个独立的局部矿柱-顶板承载结构，各结构非协调变形，最终导致大范围坍塌事故。此类灾害诱发机制及失稳特征为：顶板裂纹扩展，形成局部相对独立的承载结构，各承载结构失稳而导致区域性坍塌，坍塌发生以各相对独立的结构为基本单元。

3. 顶板、矿柱均破坏

矿柱-顶板承载体系中，如果矿柱及顶板承载能力均较弱，则矿柱承载能力弱化的同时将诱发相应范围内顶板的下沉与破坏。用同一配比的相似材料浇筑多矿柱模型，2～5 号矿柱为采区矿柱，1 号、6 号矿柱为边界矿柱，如图 3.16 所示。试验过程中，2～5 号矿柱几乎同时丧失承载能力，且顶板沿边界矿柱出现以剪切为主的拉剪裂纹。此类坍塌灾害诱发机制及失稳特征为：矿柱失稳，相应范围内顶板沿边界矿柱剪切，诱发采空区坍塌灾害。然而，这类体系在失稳破坏过程中，边界矿柱基本保存完整，并形成切顶作用，不仅能有效降低顶板悬空面积，而且能隔离坍塌区域，防止采空区失稳传递。

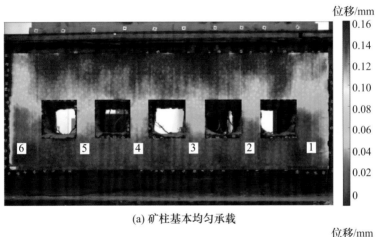

(a) 矿柱基本均匀承载

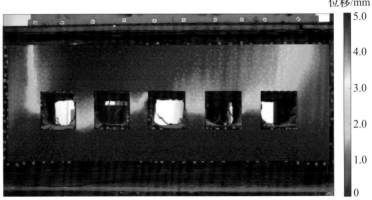

(b) 采区矿柱失稳及顶板下沉

图 3.16 矿柱及顶板同时失稳模式

3.4　多矿柱体系共同承载特征

3.4.1　矿柱-顶板结构理论模型

采矿等地下空间工程矿柱-顶板承载体系中，各矿柱强度存在一定差异，各自发挥承载能力支撑顶板稳定。如图 3.17 所示，可建立矿柱-顶板结构理论模型，分析各矿柱共同承载特征。该模型将顶板及矿柱均视为具有一定刚度的弹性体，其中顶板的刚度系数为 k_r，矿柱的刚度系数分别为 k_{p1}、k_{p2}、k_{p3}、…、k_{pn}(下标为各个矿柱的编号)。若顶板上覆岩层以速度 v_r 沉降，且顶板的压缩量为 y_r。在上覆荷载作用下，顶板下方矿柱会因上覆岩层的沉降而出现压缩变形。假设顶板强度足够大且不产生较大的局部变形，则顶板下方各个矿柱的压缩量始终相等。为探索顶板整体坍塌灾害发生过程中矿柱群承载及破坏演化规律，将顶板视为强度足够大而不发生局部破坏的弹性体，且矿柱群中各个矿柱的变形均为 y_p，矿柱底板速度为零。

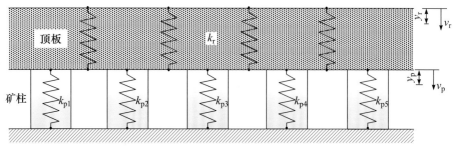

图 3.17　矿柱-顶板结构理论模型

根据矿柱-顶板结构理论模型，多矿柱体系的承载特征研究可视为顶板沉降速度 v_r 一定的条件下，各矿柱破坏时变形速度 v_p 的响应问题。以下就 v_r 和 v_p 的关系展开讨论。

如图 3.18(a)所示，假定顶板变形特征为线弹性，且强度足够大，则顶板的受力 F_r、刚度系数 k_r、变形 y_r 的相互关系为

$$F_r = k_r y_r \tag{3.4}$$

在承载初期，矿柱基本处于弹性变形阶段，则矿柱的受力 F_i、刚度系数 k_{pi}、变形 y_i 的相互关系为

$$F_i = k_{\mathrm{p}i} y_i, \quad k_i > 0 \tag{3.5}$$

式中，F_i 为 i 号矿柱受力；$k_{\mathrm{p}i}$ 为 i 号矿柱的刚度系数；y_i 为 i 号矿柱的变形；i 为矿柱编号，当有 n 个矿柱时，i=1, 2, 3, $\cdots$, n。

如图 3.18(b)所示，在压缩过程中，随着外荷载的增大，矿柱会发生失稳破坏，且峰值荷载后矿柱的承载能力会随变形的增加而下降。破坏后矿柱受力-变形的关系式为

$$F_i = F_i^{\mathrm{c}} + k_{\mathrm{p}i}^{-}(y_i - y_i^{\mathrm{c}}), \quad k_{\mathrm{p}i}^{-} < 0 \tag{3.6}$$

式中，F_i^{c} 为 i 号矿柱的峰值荷载；y_i^{c} 为 i 号矿柱承受峰值荷载对应的变形；$k_{\mathrm{p}i}^{-}$ 为 i 号矿柱破坏后的刚度系数。

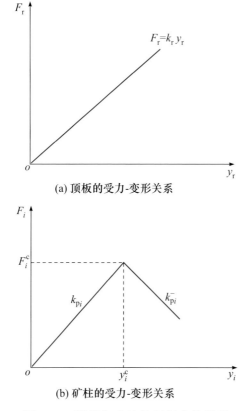

(a) 顶板的受力-变形关系

(b) 矿柱的受力-变形关系

图 3.18 顶板和矿柱的材料本构关系

根据顶板和矿柱群力学平衡关系，可建立如下方程：

$$F_{\mathrm{r}} = F_1 + F_2 + \cdots + F_i + \cdots F_n \tag{3.7}$$

式(3.7)对时间 t 求导, 可得

$$\frac{\mathrm{d}F_r}{\mathrm{d}t} = \frac{\mathrm{d}F_1}{\mathrm{d}t} + \frac{\mathrm{d}F_2}{\mathrm{d}t} + \cdots + \frac{\mathrm{d}F_i}{\mathrm{d}t} + \cdots \frac{\mathrm{d}F_n}{\mathrm{d}t} \tag{3.8}$$

由式(3.4)和式(3.5)可知, 顶板和未破坏矿柱的荷载对时间 t 求导的结果为

$$\frac{\mathrm{d}F_r}{\mathrm{d}t} = k_r \frac{\mathrm{d}y_r}{\mathrm{d}t} = k_r(v_r - v_p) \tag{3.9}$$

$$\frac{\mathrm{d}F_i}{\mathrm{d}t} = k_{pi} \frac{\mathrm{d}y_i}{\mathrm{d}t} = k_{pi} v_p \tag{3.10}$$

在 i 号矿柱的破坏过程中, 破坏矿柱的荷载对时间 t 的求导结果为

$$\frac{\mathrm{d}F_i}{\mathrm{d}t} = 0 + k_{pi}^- \left(\frac{\mathrm{d}y_i}{\mathrm{d}t} - 0 \right) = k_{pi}^- v_p \tag{3.11}$$

假定矿柱从 1 到 n 依次发生破坏, 并记在 i 号矿柱的破坏过程中, 矿柱上端(矿柱与顶板的接触面)的沉降速度为 v_p^i。加载初期矿柱全部稳定, 顶板与矿柱协同沉降速度为 v_p^0。联立式(3.8)~式(3.10), 可得

$$k_r v_r = v_p^0 (k_r + k_{p1} + k_{p2} + \cdots + k_{pi} + \cdots + k_{pn}) \tag{3.12}$$

解得 v_p^0 为

$$v_p^0 = \frac{k_r}{k_r + \sum_{i=1}^{n} k_{pi}} v_r \tag{3.13}$$

当 1 号矿柱破坏时, 联立式(3.8)~式(3.11)可求解顶板与矿柱协同沉降速度 v_p^1 为

$$v_p^1 = \frac{k_r}{k_r + k_{p1}^- + \sum_{i=2}^{n} k_{pi}} v_r \tag{3.14}$$

规定各矿柱顺序破坏(即矿柱不同时破坏), 则 i 号矿柱破坏时, 顶板与矿柱协同沉降速度 v_p^i 为

$$v_p^i = \frac{k_r}{k_r + k_{pi}^- + (k_{pi+1} + k_{pi+2} + \cdots + k_{pn})} v_r \tag{3.15}$$

由式(3.15)可计算各矿柱的变形速度，并据此展开数值试验研究。

3.4.2　矿柱群承载特征的数值试验

矿柱-顶板承载体系变形特征的数值试验分析中，共设置 5 个矿柱，并规定顶板上覆岩层沉降速度 v_r 保持不变。由式(3.14)和式(3.15)可知，v_p^i 的大小取决于矿柱刚度系数和顶板刚度系数的比值。现设置分析试验中，各矿柱具有相同的峰前刚度系数 k_p 和峰后刚度系数 k_p^-，顶板的刚度系数为 $k_r = ak_p$，a 的取值分别为 1.1、1.5、2、3、5、10。

受岩性及矿柱尺寸等因素的影响，矿柱的峰后破坏行为表现出偏脆性或偏塑性的特征。如图 3.19 所示，脆性破坏时，矿柱峰前刚度系数 k_p 和峰后刚度系数 k_p^- 之比小于-1；塑性破坏时，矿柱峰前刚度系数 k_p 和峰后刚度系数 k_p^- 之比大于-1。据此，数值试验中矿柱的峰后刚度系数可表述为 $k_p^- = bk_p$，b 的取值分别为-0.5、-1、-2。

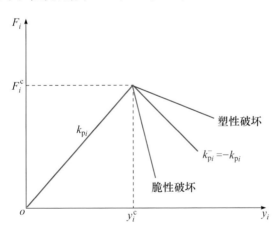

图 3.19　矿柱在峰后阶段不同的破坏形式

规定顶板上覆岩层沉降速度 v_r 保持不变，数值试验用 v_p^i / v_r 来反映 i 号矿柱破坏时矿柱与顶板接触层沉降速度的变化情况。试验中矿柱从 1 号到 5 号依次破坏。顶板刚度参数 a 分别取 1.1、1.5、2、3、5、10，矿柱峰后刚度参数 b 分别取-0.5、-1、-2 时，v_p^i / v_r 的数值试验结果见表 3.2~表 3.4。

表 3.2 $k_p^- = -0.5k_p$ 时的数值试验结果

v_p^i / v_r	a					
	1.1	1.5	2	3	5	10
v_p^0 / v_r	0.18	0.23	0.29	0.38	0.50	0.67
v_p^1 / v_r	0.24	0.30	0.36	0.46	0.59	0.74
v_p^2 / v_r	0.31	0.38	0.44	0.55	0.67	0.80
v_p^3 / v_r	0.42	0.50	0.57	0.67	0.77	0.87
v_p^4 / v_r	0.69	0.75	0.80	0.86	0.91	0.95
v_p^5 / v_r	1.83	1.50	1.33	1.20	1.11	1.05

表 3.3 $k_p^- = -k_p$ 时的数值试验结果

v_p^i / v_r	a					
	1.1	1.5	2	3	5	10
v_p^0 / v_r	0.18	0.23	0.29	0.38	0.50	0.67
v_p^1 / v_r	0.27	0.33	0.40	0.50	0.63	0.77
v_p^2 / v_r	0.35	0.43	0.50	0.60	0.71	0.83
v_p^3 / v_r	0.52	0.60	0.67	0.75	0.83	0.91
v_p^4 / v_r	1.00	1.00	1.00	1.00	1.00	1.00
v_p^5 / v_r	11.00	3.00	2.00	1.50	1.25	1.11

表 3.4 $k_p^- = -2k_p$ 时的数值试验结果

v_p^i / v_r	a					
	1.1	1.5	2	3	5	10
v_p^0 / v_r	0.18	0.23	0.29	0.38	0.50	0.67
v_p^1 / v_r	0.35	0.43	0.50	0.60	0.71	0.83
v_p^2 / v_r	0.52	0.60	0.67	0.75	0.83	0.91
v_p^3 / v_r	1.00	1.00	1.00	1.00	1.00	1.00
v_p^4 / v_r	11.00	3.00	2.00	1.50	1.25	1.11
v_p^5 / v_r	—	—	—	3.00	1.67	1.25

由表 3.2～表 3.4 可以看出，矿柱破坏后的变形速度均随已破坏矿柱数量的增加而增大。为更具体地分析矿柱破坏速度的演化规律，分别从表 3.2～表 3.4 中选取 a 为 1.5、2、3、10 的四种情况，以破坏矿柱的数量为横轴，以 v_p^i / v_r 为纵轴绘制折线图，结果如图 3.20 所示。

从图 3.20 可以看出，各工况下矿柱破坏后的变形速度均随已破坏矿柱数量的增加而增大，表现为指数型加速增长，且 k_r / k_p 或 k_p^- / k_p 越小，指数增长的规律表现得越明显。

受顶板体系刚度系数 k_r 的影响，矿柱破坏后的变形速度在最初均小于顶板上覆岩层的沉降速度。顶板体系刚度系数较大时，v_p^i / v_r 接近于 1；顶板刚度系数较小时，v_p^i / v_r 在初始时较小，但最终矿柱全部破坏后的变

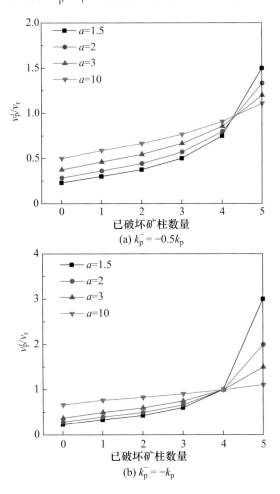

(a) $k_p^- = -0.5k_p$

(b) $k_p^- = -k_p$

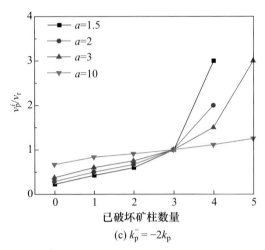

$$(\text{c})\ k_{\mathrm{p}}^{-} = -2k_{\mathrm{p}}$$

图 3.20　矿柱破坏后的变形速度和已破坏矿柱数量的关系曲线

形速度更大。根据数值试验结果，将多矿柱体系的变形破坏行为划分成三个阶段。

(1) 稳定破坏阶段。

由式(3.15)可得

$$\frac{v_{\mathrm{p}}^{i}}{v_{\mathrm{r}}} = \frac{1}{1 + \dfrac{k_{\mathrm{p}i}^{-}}{k_{\mathrm{r}}} + \dfrac{k_{\mathrm{p}i+1} + k_{\mathrm{p}i+2} + \cdots + k_{\mathrm{p}n}}{k_{\mathrm{r}}}} \tag{3.16}$$

当 $v_{\mathrm{p}}^{i} / v_{\mathrm{r}} \leqslant 1$ 时，矿柱破坏后的变形速度小于或等于顶板上覆岩层的沉降速度，多矿柱呈稳定破坏，由式(3.16)可知此时矿柱群的刚度系数满足

$$k_{\mathrm{p}i}^{-} \geqslant -(k_{\mathrm{p}i+1} + k_{\mathrm{p}i+2} + \cdots + k_{\mathrm{p}n}) \tag{3.17}$$

由此可知，当各矿柱具有相同的峰前刚度系数和峰后刚度系数，且 $k_{\mathrm{p}}^{-} \geqslant -k_{\mathrm{p}}$ 时，除最后一个矿柱外，各矿柱均发生稳定破坏。

(2) 加速破坏阶段。

当 $v_{\mathrm{p}}^{i} / v_{\mathrm{r}} > 1$ 时，矿柱破坏后的变形速度大于顶板上覆岩层的沉降速度，各矿柱表现为加速破坏，此时顶板和矿柱的刚度系数应满足

$$-(k_{\mathrm{r}} + k_{\mathrm{p}i+1} + k_{\mathrm{p}i+2} + \cdots + k_{\mathrm{p}n}) < k_{\mathrm{p}i}^{-} < -(k_{\mathrm{p}i+1} + k_{\mathrm{p}i+2} + \cdots + k_{\mathrm{p}n}) \tag{3.18}$$

(3) 失稳破坏阶段。

当顶板刚度系数 k_{r} 相对较小时，且满足

$$k_{\mathrm{p}i}^{-} \to -(k_{\mathrm{r}} + k_{\mathrm{p}i+1} + k_{\mathrm{p}i+2} + \cdots + k_{\mathrm{p}n}) \tag{3.19}$$

联立式(3.16)可得

$$\frac{v_{\mathrm{p}}^{i}}{v_{\mathrm{r}}} = \cfrac{1}{1 + \cfrac{k_{\mathrm{p}i}^{-}}{k_{\mathrm{r}}} + \cfrac{k_{\mathrm{p}i+1} + k_{\mathrm{p}i+2} + \cdots + k_{\mathrm{p}n}}{k_{\mathrm{r}}}} \to +\infty \tag{3.20}$$

此时，矿柱的破坏速度在理论上趋近于无穷大，多矿柱体系由加速破坏阶段转入失稳破坏阶段。

参 考 文 献

[1] 中南大学资源与安全工程学院. 广东大宝山矿大型复杂塌陷原因调查与综合治理技术研究[R]. 长沙, 2005.

[2] Wang J A, Shang X C, Ma H T. Investigation of catastrophic ground collapse in Xingtai gypsum mines in China[J]. International Journal of Rock Mechanics and Mining Sciences, 2008, 45(8): 1480-1499.

[3] 王琦, 王汉鹏, 李术才, 等. 柔性均布压力加载装置的研制及试验分析[J]. 岩石力学与工程学报, 2012, 31(1): 133-139.

[4] Zhao T B, Yin Y C, Tan Y L, et al. Deformation tests and failure process analysis of an anchorage structure[J]. International Journal of Mining Science and Technology, 2015, 25(2): 237-242.

[5] Munoz H, Taheri A, Chanda E K. Fracture energy-based brittleness index development and brittleness quantification by pre-peak strength parameters in rock uniaxial compression[J]. Rock Mechanics and Rock Engineering, 2016, 49(12): 4587-4606.

[6] Guo L P, Sun W, He X Y, et al. Application of DSCM in prediction of potential fatigue crack path on concrete surface[J]. Engineering Fracture Mechanics, 2007, 75(3-4): 643-651.

[7] Zhou Z L, Chen L, Cai X, et al. Experimental investigation of the progressive failure of multiple pillar-roof system[J]. Rock Mechanics and Rock Engineering, 2018, 51(5): 1629-1636.

[8] Liu Y R, Guan F H, Yang Q, et al. Geomechanical model test for stability analysis of high arch dam based on small blocks masonry technique[J]. International Journal of Rock Mechanics and Mining Sciences, 2013, 61: 231-243.

[9] Ren W Z, Guo C M, Peng Z Q, et al. Model experimental research on deformation and subside nce characteristics of ground and wall rock due to mining under thick overlying terrane[J]. International Journal of Rock Mechanics and Mining Sciences, 2010, 47(4): 614-624.

[10] 范鹏贤, 王明洋, 邢灏喆, 等. 模型试验中材料变形破坏的时间相似问题[J]. 岩石力学与工程学报, 2014, 33(9): 1843-1851.

[11] 袁宗盼, 陈新民, 袁媛, 等. 地质力学模型相似材料配比的正交试验研究[J]. 防灾减灾工程学报, 2014, 34(2): 197-202.

第4章　矿柱群连锁失稳的荷载传递特性

采矿等地下工程中，局部矿柱失稳会造成荷载重分布，易导致相邻矿柱失稳，进而诱发大规模坍塌灾害。然而，人们对大规模矿柱群失稳坍塌过程中荷载及灾害传递特性的认识十分不足。为此，本章深入开展矿柱群连锁倒塌过程中荷载传递特性研究，为矿柱群稳定性分析、灾害预测及防治提供理论依据。

4.1　矿柱群连锁失稳过程中的荷载传递效应

我国西部某矿采用房柱法开采，并已形成面积达 1.2 万 m² 的采空区。该矿区地表地势较为平坦，采空区埋深约 500m，围岩密度约为 3000kg/m³，竖向地应力约为 15.5MPa，水平地应力约为 17.1MPa。该矿区矿柱宽 w=6m，高 H=6m，矿房宽 L=9m，开挖率 e=84%。因开采年限较长，部分采空区已出现因矿柱失稳而导致的地表沉降灾害。本节以此矿山条件为基本依据进行数值分析，揭示矿柱连锁失稳过程中的荷载传递效应[1]。

4.1.1　矿柱失稳荷载传递效应数值模拟分析

1. 基于 PFC2D 的数值模型

如图 4.1 所示，建立 PFC2D 数值模型。模型长 160m、高 56m，顶板距离模型上边界 30m，底板距离模型下边界 20m，根据地应力条件，在模型上下、左右边界处分别施加恒定的水平和竖向地应力。

数值模拟时，模型中微观参数的设置以该矿室内岩石力学测试结果为依据，利用 PFC 参数标定方法进行试算[2]，最终获得颗粒和平行黏结微观参数，见表 4.1。

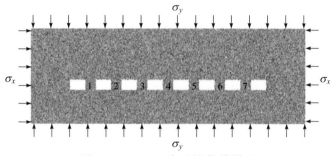

图 4.1　PFC2D 多矿柱数值模型

表 4.1　颗粒和平行黏结微观参数

参数类型	微观参数	数值
颗粒基本参数	最小半径/mm	0.15
	最大最小半径比	1.66
	密度/(kg/m³)	3169
	弹性模量/GPa	50
	法向切向刚度比	2.5
	摩擦系数	0.1
平行黏结参数	黏结半径乘积系数	1.0
	黏结弹性模量/GPa	50
	黏结法向切向刚度比	2.5
	黏结法向强度/MPa	30
	黏结黏聚力/MPa	30
	黏结内摩擦角/(°)	10

2. 模型计算步骤

模型计算步骤如下:

(1) 建立模型,设定微观力学参数,计算使得颗粒达到平衡状态。

(2) 在模型顶部施加竖向地应力 15.5MPa,并计算至应力平衡。

(3) 通过伺服机制移动两侧墙体,使模型水平地应力达 17.1MPa。

(4) 在 1~7 号矿柱中设立应力监测圆,并开挖矿房颗粒,计算至平衡状态。

(5) 通过删除 4 号矿柱方式模拟 4 号矿柱失稳，同时监测 1~3 号和 5~7 号矿柱竖向应力。

4.1.2　矿柱失稳荷载传递结果分析与讨论

1. 矿柱连锁失稳过程分析

图 4.2 为 4 号矿柱失稳后 1~7 号矿柱竖向应力的变化情况，图 4.3 为各矿柱应力达到峰值时刻的裂纹扩展特征，对应的 A~F 时刻各矿柱的竖向应力见表 4.2。

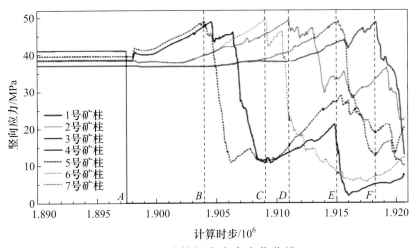

图 4.2　矿柱竖向应力变化曲线

(a) A 时刻

(b) B 时刻

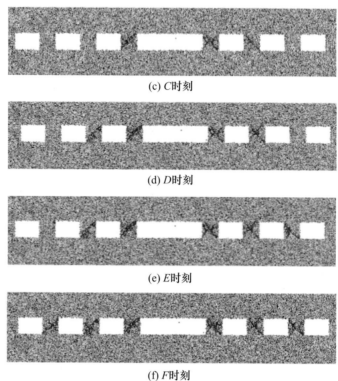

(c) C时刻

(d) D时刻

(e) E时刻

(f) F时刻

图 4.3 矿柱裂纹扩展特征

表 4.2 不同时刻各矿柱竖向应力

时刻	竖向应力/MPa						
	1	2	3	4	5	6	7
A	37	38	39	41	39	38	37
B	37	40	49	—	49	40	37
C	38	45	11	—	11	50	38
D	38	49	13	—	15	22	40
E	43	34	15	—	26	8	49
F	49	34	5	—	20	7	13

在 A 时刻,各矿柱都处于稳定状态,此时 1～7 号矿柱竖向应力分别为 37MPa、38MPa、39MPa、41MPa、39MPa、38MPa 和 37MPa,且矿柱中无明显裂纹出现。4 号矿柱失稳后,3 号和 5 号矿柱最先受到影响,

应力开始增加，且增加速度基本一致。在 B 时刻，3 号和 5 号矿柱均达到峰值应力 49MPa，且 3 号矿柱呈东北向西南的 45°方向剪切破坏，5 号矿柱呈西北向东南的 45°方向剪切破坏。在 3 号和 5 号矿柱应力增加过程中，1、2、6、7 号矿柱应力基本保持不变。当 3 号和 5 号矿柱应力接近峰值时，2 号和 6 号矿柱应力均开始增加，6 号矿柱在 C 时刻达到峰值应力 50MPa，其破坏特征表现为呈西北向东南的 45°方向剪切破坏。随后在 D 时刻，2 号矿柱达到峰值应力 49MPa，呈东北向西南的 45°方向剪切破坏。且 6 号矿柱应力达到峰值破坏时，1 号和 7 号矿柱应力开始增加，7 号矿柱在 E 时刻达到峰值应力 49MPa，并呈西北向东南的 45°方向剪切破坏。到 F 时刻，1 号矿柱应力达到峰值 49MPa，呈东北向西南的 45°方向剪切破坏，至此全部矿柱发生破坏。

由图 4.2 可知，1~3 号、5~7 号矿柱的峰值应力分别为 49MPa、49MPa、49MPa、49MPa、50MPa、49MPa。因此，可认为 A 时刻各矿柱的安全系数分别为 1.32、1.29、1.26、1.26、1.32、1.32。4 号矿柱失稳后，顶板荷载重分布，各矿柱安全系数相继下降至 1.0 以下。此外，因顶板的弯曲变形，矿柱会受到一定弯矩的作用[3]，进而影响矿柱的破坏形式。本次数值模拟中，矿柱破坏过程中的裂纹演化表现出如下特征：因 1~3 号矿柱的弯矩方向与 5~7 号矿柱弯矩方向相反，1~3 号矿柱的剪切裂纹沿东北向西南的 45°方向发育，5~7 号矿柱的剪切裂纹沿西北向东南的 45°方向发育。

2. 不同安全系数条件下矿柱失稳诱发连锁失稳结果分析

由上述分析可知，矿柱的初始安全系数分布在 1.26~1.32，回收采空区中部区域的矿柱后，随即诱发了连锁失稳。为探索安全系数对矿柱失稳传递特征的影响，本节通过提高平行黏结模型的微观强度参数，增强矿柱的强度以改变安全系数，并回采 4 号矿柱，进而分析矿柱群是否发生大规模失稳。共设置两组数值模拟方案，其平行黏结微观参数的取值见表 4.3。

根据 4.1.1 节所示模拟方案，开展模拟研究。模型 1 的矿柱竖向应力变化曲线如图 4.4(a)所示，矿柱裂纹扩展情况如图 4.4(b)所示，不同时刻各矿柱竖向应力见表 4.4。

表 4.3　不同安全系数的平行黏结微观参数

序号	微观参数					
	黏结半径乘积系数	黏结弹性模量/GPa	黏结法向切向刚度比	黏结法向强度/MPa	黏结黏聚力/MPa	黏结内摩擦角/(°)
模型 1	1.0	50	2.5	35	35	12
模型 2	1.0	50	2.5	38	38	13

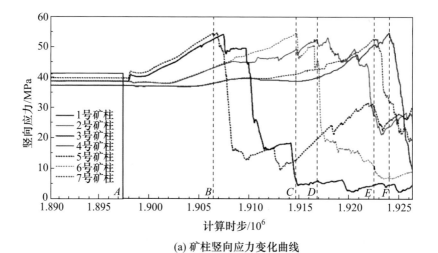

(a) 矿柱竖向应力变化曲线

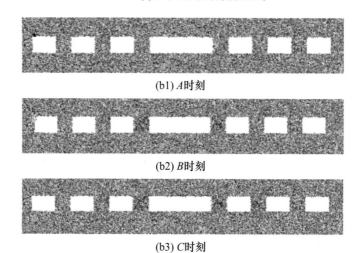

(b1) A时刻

(b2) B时刻

(b3) C时刻

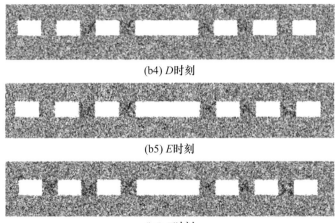

(b4) D时刻

(b5) E时刻

(b6) F时刻

(b) 矿柱裂纹扩展图

图 4.4　模型 1 的模拟结果

表 4.4　模型 1 不同时刻各矿柱竖向应力

时刻	竖向应力/MPa						
	1	2	3	4	5	6	7
A	37	38	39	41	39	38	37
B	37	43	54	—	54	43	37
C	38	49	5	—	12	54	41
D	40	52	5	—	20	45	43
E	50	28	5	—	30	10	52
F	55	24	5	—	25	7	32

　　图 4.4 中矿柱竖向应力变化曲线及矿柱的破坏顺序与图 4.2 和图 4.3 所示结果相似。4 号矿柱失稳前，1～7 号矿柱的竖向应力分别为 37MPa、38MPa、39MPa、41MPa、39MPa、38MPa、37MPa。4 号矿柱失稳后，在 B 时刻，3 号和 5 号矿柱应力达到峰值 54MPa。3 号和 5 号矿柱破坏后，2 号和 6 号矿柱应力开始大幅增加，分别在 D 时刻和 C 时刻达到峰值应力 52MPa、54MPa。2 号和 6 号矿柱破坏后，1 号和 7 号矿柱应力开始增加，分别在 F 时刻和 E 时刻达到峰值应力 55MPa、52MPa。由各矿柱竖

向应力变化曲线可知，1～3 号、5～7 号矿柱的峰值应力分别为 55MPa、52MPa、54MPa、54MPa、54MPa、52MPa，相应的安全系数分别为 1.49、1.37、1.38、1.38、1.42、1.41，分布在 1.37～1.49。模型 1 结果与图 4.2 所示结果相比，矿柱峰值应力增大，安全系数相应提高，因此矿柱能够承载更大的转移荷载。模型 1 中矿柱所承担的转移荷载为 18MPa(相比图 4.2 的 10MPa，提高了 8MPa)，但矿柱群仍出现因 4 号矿柱回采而诱发的大规模连锁失稳。由此可知，4 号矿柱回采后，转移至相邻矿柱的荷载大于 18MPa，为防止矿柱群的连锁失稳，需进一步提高矿柱强度。

图 4.5 为模型 2 的矿柱竖向应力变化曲线。4 号矿柱失稳后，3 号和 5 号矿柱的应力分别增加到 54MPa 和 55MPa 后达到稳定状态，2 号和 6 号矿柱应力增加到 44MPa 后达到稳定状态，1 号和 7 号矿柱应力基本保持不变，系统并未发生矿柱群连锁失稳。由此可知，在图 4.1 所示的矿柱-顶板承载体系结构、地应力状态以及表 4.1 所示的岩体微观力学参数条件下，矿柱发生连锁失稳的临界安全系数介于模型 1 和模型 2 所得矿柱安全系数。

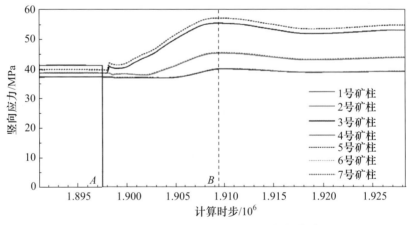

图 4.5 模型 2 的矿柱竖向应力变化曲线

3. 不同位置矿柱破坏诱发连锁失稳结果分析

通常，地下采空区中部位置的顶板沉降最大，且采空区中央位置的矿柱应力最大，越靠近采空区边缘，矿柱应力越小，因此采空区中部位置的矿柱易受外部扰动而失稳破坏。但实际工程中的采空区矿柱形状往往不规则，矿柱布局也不均匀，矿柱应力大小不一，特别是外部荷载扰动下，最先出现失稳破坏的矿柱并不局限于采空区中央。本节将探讨采空区边缘矿柱失稳是否会诱发矿柱群连锁失稳。基于图 4.1 所示的数值模型和表 4.1 的颗粒微观力学参数，设置数值模拟试验。模拟试验中，模型达到平衡状态后，回采边缘的 1 号矿柱，并监测相邻矿柱的应力与裂纹演化情况，所得结果如图 4.6 所示。

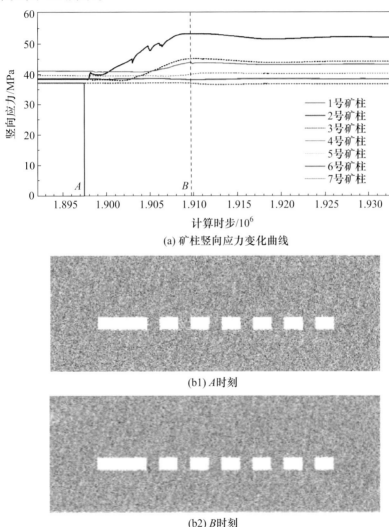

(a) 矿柱竖向应力变化曲线

(b1) A 时刻

(b2) B 时刻

(b) 矿柱裂纹扩展图

图 4.6　边界矿柱回采后各矿柱竖向应力变化曲线及裂纹扩展图

A 时刻矿柱处于稳定状态，1～7 号矿柱的竖向应力分别为 37MPa、38MPa、39MPa、41MPa、39MPa、38MPa、37MPa，矿柱初始安全系数分别为 1.32、1.29、1.26、1.26、1.26、1.32、1.32。1 号矿柱回采后，2 号矿柱的应力上升后又小幅下降，最终稳定在 52MPa，其安全系数下降至 1.0 以下(0.94)。图 4.6(b)中 2 号矿柱左下角和右上角出现少量裂纹，但并未贯通(B 时刻)，说明 2 号矿柱并未发生完全失稳破坏。分析其原因：一是矿柱内应力分布不均匀，局部应力高，造成矿柱的局部破坏；二是边界矿柱的支撑作用使顶板形成类似悬臂梁结构，1 号矿柱回采造成的荷载重分布主要由边界矿柱承担，并未对 2 号矿柱形成持续的加载。

4. 不同材料刚度对矿柱群连锁失稳的影响分析

在 PFC2D 中，颗粒法向刚度与弹性模量成正比，在图 4.1 数值模型和表 4.1 微观力学参数的基础上，分别将顶板刚度减小 10 倍和增大 10 倍，保持其他参数不变，建立两组模型进行分析。不同顶板条件下颗粒刚度微观参数见表 4.5。

表 4.5 不同顶板条件下颗粒刚度微观参数

顶板特征	矿柱刚度参数		顶板刚度参数	
	弹性模量 /GPa	黏结法向切向刚度比($\bar{k}_n/\bar{k}_s$)	弹性模量 /GPa	黏结法向切向刚度比($\bar{k}_n/\bar{k}_s$)
软弱	50	2.5	5	2.5
坚硬	50	2.5	500	2.5

软弱顶板条件下矿柱竖向应力变化曲线如图 4.7 所示，各特征时刻矿柱的竖向应力见表 4.6。图 4.7 中矿柱破坏顺序与图 4.2 所示结果基本一致，呈现出渐进传递破坏。4 号矿柱失稳后，荷载重分布，但受顶板刚度影响，相邻矿柱先小幅下降然后上升。5 号和 3 号矿柱首先在 B 时刻破坏，6 号和 2 号矿柱分别在 C 时刻和 D 时刻破坏，位于采空区两边的 1 号和 7 号矿柱最后破坏，破坏呈典型的"多米诺骨牌"效应特征。由表 4.6 可知，1～3 号、5～7 号矿柱的强度分别为 45MPa、50MPa、49MPa、49MPa、49MPa、50MPa。

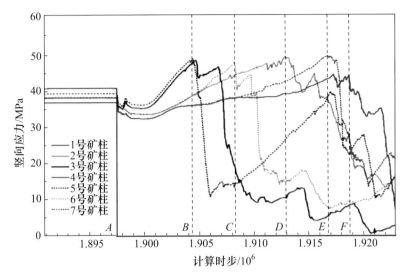

图 4.7　软弱顶板条件下矿柱竖向应力变化曲线

表 4.6　软弱顶板条件下矿柱竖向应力

时刻	竖向应力/MPa						
	1	2	3	4	5	6	7
A	37	38	39	41	39	38	37
B	36	39	49	—	49	39	36
C	38	45	18	—	15	49	38
D	40	50	10	—	27	15	43
E	44	38	5	—	38	8	50
F	45	25	8	—	23	10	25

　　坚硬顶板条件下矿柱竖向应力变化曲线如图 4.8 所示，各特征时刻矿柱的竖向应力见表 4.7。从图 4.8 可以看出，在坚硬顶板条件下，4 号矿柱回采后，1~3 号、5~7 号矿柱的应力均明显增加，在 B 时刻同时达到峰值，3 号和 5 号矿柱应力增加了 11MPa，2 号和 6 号矿柱应力增加了 9MPa，1 号和 7 号矿柱应力也增加了 9MPa。此结果说明坚硬顶板情况下，4 号矿柱失稳后，顶板荷载会较均匀地向邻近矿柱转移。B 时刻后，5 号矿柱率先失稳，应力迅速下降，1 号和 3 号矿柱的应力经过一段平稳期后开始迅速下降。分析图 4.8 所示的各矿柱的应力特征可知，矿柱群的失稳不再具有渐进传递式失稳特征。由此可知，顶板刚度对矿柱群的失稳模式影响较大，当顶板较软弱(刚度小)时，矿柱的荷载转移

从失稳诱发矿柱开始，离失稳诱发矿柱越远，受到荷载转移影响的时间越晚；但当顶板较坚硬(刚度大)时，矿柱失稳后，荷载几乎同时向邻近矿柱均匀转移。

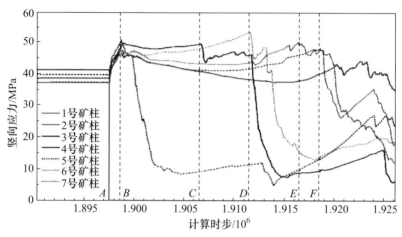

图 4.8　坚硬顶板条件下矿柱竖向应力变化曲线

表 4.7　坚硬顶板条件下矿柱竖向应力

时刻	竖向应力/MPa						
	1	2	3	4	5	6	7
A	37	38	39	41	39	38	37
B	46	47	50	—	50	47	46
C	40	43	50	—	12	47	40
D	38	43	45	—	12	53	42
E	38	50	9	—	10	15	46
F	40	47	10	—	13	13	47

4.2　矿柱失稳荷载传递率

4.2.1　矿柱失稳荷载传递率指标

1. 矿柱失稳荷载传递率的定义

假设地下采空区面积足够大，顶板具有一定的刚度和强度，且顶板

的荷载由所有矿柱共同承担，则荷载分布特征可以表述为

$$L = \sum_{i=0}^{N} L_i \tag{4.1}$$

式中，L 为顶板总荷载；L_i 为 i 号矿柱承担的荷载。

局部矿柱的失稳破坏将诱导矿柱群荷载重分布，矿柱失稳后，相邻矿柱所承担的荷载增加，如图 4.9 所示。

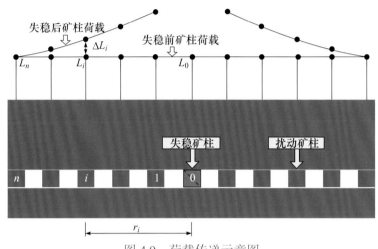

图 4.9　荷载传递示意图

初始条件下矿柱会处于平衡稳定的状态，各矿柱的安全系数均大于 1.0。假设 0 号矿柱失稳，则剩余矿柱的荷载将满足

$$L = \sum_{i=1}^{N} (L_i + \Delta L_i) \tag{4.2}$$

式中，ΔL_i 为 i 号矿柱荷载增量。

由式(4.1)和式(4.2)可得

$$1 = \sum_{i=1}^{N} \frac{\Delta L_i}{L_0} \tag{4.3}$$

式中，L_0 为失稳矿柱的荷载，为常量。

由此可知，$\Delta L_i/L_0$ 的取值介于 0~1，是个无量纲的比值。因此，可以将 $\Delta L_i/L_0$ 作为矿柱失稳荷载传递的衡量指标，并定义为矿柱失稳荷载传递率(load transfer ratio，LTR)，即

$$\text{LTR}_i = \frac{\Delta L_i}{L_0} \times 100\% \tag{4.4}$$

式(4.4)也可以表示成矿柱应力的形式，即

$$\text{LTR}_i = \frac{\Delta \sigma_i S_i}{\sigma_0 S_0} \times 100\% \tag{4.5}$$

式中，$\Delta \sigma_i$ 为 i 号矿柱的应力增量；S_i 为 i 号矿柱的横截面积；S_0 为失稳矿柱的横截面积；σ_0 为失稳矿柱的峰值应力。

矿柱失稳荷载传递分析中，矿柱荷载增量(ΔL)和矿柱失稳荷载传递率(LTR)均可作为衡量矿柱失稳荷载传递的指标。但荷载传递率可以清晰地反映各矿柱传递的荷载占总荷载的比例，从而可用于表征各矿柱受失稳扰动影响的程度。利用荷载传递率可对比分析不同工况条件下矿柱失稳荷载传递特征，例如，工况一，L_0=50MN，ΔL=5MN；工况二，L_0=5MN，ΔL=0.5MN。两种工况条件下，ΔL 分别为 5MN 和 0.5MN，但 LTR 均为 10%。

由压力拱理论可知，矿柱失稳荷载传递随距离的变化而变化[4]，本节假设荷载传递率为距离的函数，可表示为

$$\text{LTR}_i = f(r_i) \tag{4.6}$$

式中，r_i 为以失稳矿柱为中心，i 号矿柱与失稳矿柱之间的径向距离。

2. 矿柱失稳荷载传递率与矿柱强度之间的关系

传统矿柱稳定性分析时，往往以矿柱安全系数为主要指标。当矿柱处于初始的稳定状态或临界稳定状态时，矿柱的初始应力为 σ_c，强度为 σ_m，矿柱具有一定量的强度储备 $\sigma_m - \sigma_c$，安全系数 $f_s = \sigma_m / \sigma_c > 1.0$。如果矿柱有充足的强度储备，且矿柱失稳荷载传递量 $\Delta \sigma$ 小于矿柱的强度储备，则传递荷载 $\Delta \sigma$ 完全施加到矿柱后，矿柱安全系数下降，但依然保持稳定状态；当矿柱强度储备不足以承担传递的荷载时，矿柱便达到峰值荷载而破坏，此时的矿柱失稳荷载传递量 $\Delta \sigma$ 等于矿柱的强度储备。以上的关系可表示为

$$\begin{cases} \text{LTR} = \dfrac{\Delta \sigma S}{\sigma_0 S_0}, & \Delta \sigma \leqslant \sigma_m - \sigma_c \\[3mm] \text{LTR} = \dfrac{(\sigma_m - \sigma_c)S}{\sigma_0 S_0}, & \Delta \sigma > \sigma_m - \sigma_c \end{cases} \tag{4.7}$$

式中，S 为受荷矿柱的横截面积。

4.2.2　矿柱失稳荷载传递率的空间分布

　　为揭示矿柱失稳后，矿柱群体系荷载传递率的分布特征，以某铁矿采场为原型，采用 FLAC3D 软件进行数值分析研究[5]。该矿老采空区埋深为50m，矿柱岩石密度为 3000kg/m³，上部围岩密度为 3500kg/m³，原始竖向地应力约为 1.72MPa，水平地应力约为 1.89MPa。为避免边界效应对计算结果的影响，模型内部采空区跨度取值大于矿柱失稳荷载传递距离 LTD 的2 倍[6]。通过调试模型参数，最终建立如图 4.10 所示的 13 行 13 列规则布局的矿柱模型，模型边界围岩宽度取值为 20m，矿柱宽 6m、高 6m，矿房宽 6m，矿柱底板到模型底部高度为 30m，矿柱顶板到模型顶部高度为 20m。模型长、宽均为 202m，高 56m，模型四周施加恒定的水平地应力 σ_x、σ_y，底部为固定边界，顶部施加竖向地应力 σ_z。

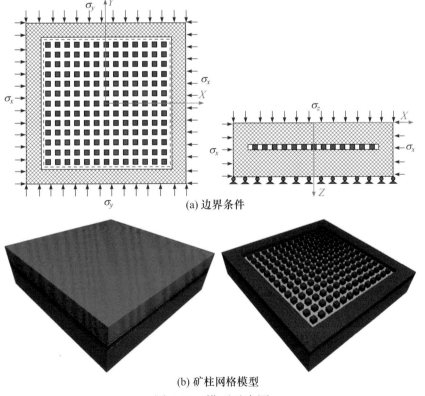

(a) 边界条件

(b) 矿柱网格模型

图 4.10　模型示意图

1. 材料模型及参数

各矿岩采用应变软化模型，材料屈服之前的应力-应变行为表现为线弹性特征，屈服之后，随着塑性应变的增加，岩石的内摩擦角、黏聚力、拉伸强度有不同程度的降低。为获得数值模型的岩石力学参数，首先对现场所取岩样进行力学参数测试，获得相关参数，再通过 FLAC3D 软件建立岩石数值模型，并通过不断调整参数，使得模拟计算得到的应力-应变曲线和物理试验相吻合[7]。岩石单轴应力-应变曲线如图 4.11 所示，弹性阶段岩石的力学参数见表 4.8，塑性阶段黏聚力、内摩擦角、拉伸强度参数见表 4.9。

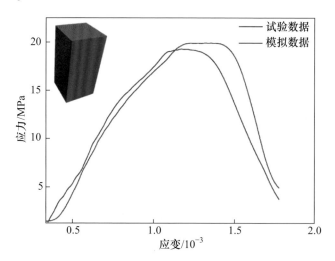

图 4.11　岩石单轴应力-应变曲线

表 4.8　应变软化模型弹性阶段岩石的力学参数

参数	剪切模量/GPa	体积模量/GPa	黏聚力/MPa	内摩擦角/(°)	拉伸强度/MPa
取值	8	13	6	30	5

表 4.9　塑性阶段应变软化参数

塑性应变/10⁻³	黏聚力/GPa	内摩擦角/(°)	拉伸强度/MPa
0	6	30	5
0.2	5.7	28	4.7

续表

塑性应变/10^{-3}	黏聚力/GPa	内摩擦角/(°)	拉伸强度/MPa
0.4	5.5	27	4.5
0.6	5.2	26	4.3
0.8	4.9	25	4.1
1.0	4.6	23	3.8

2. 数值模拟方案

数值模拟按以下步骤进行:

(1) 建立网格,进行初始条件设置,施加边界约束。模型达到平衡时,X、Y、Z 三个方向应力达到未开挖时地应力状态。

(2) 开挖矿房,模拟采空区形成的过程。模型达到平衡时为采空区的初始稳定状态,根据从属面积法估算采空区中心位置的矿柱竖向应力,并以此检验模型计算结果是否正确。

(3) 模拟矿柱失稳。外部荷载作用下,随矿柱塑性变形的增加及矿柱内裂纹的发展和贯通,矿柱强度持续下降,最后完全失稳。模拟中,通过弱化矿柱单元力学参数使矿柱强度下降至零,达到矿柱失稳的效果。

(4) 重新计算应力平衡,并监测各矿柱的竖向应力变化和塑性区演化情况。根据监测所得数据计算各矿柱的荷载传递率,并绘制荷载传递率的三维空间分布图。

3. 空间分布规律分析

图 4.12 为中心位置矿柱失稳前后,模型中各矿柱的竖向应力分布云图($Z=-27$m 平面)。离采空区中部位置越近,矿柱竖向应力越大,离采空区中部位置越远,矿柱竖向应力越小。中心位置失稳前,坐标(0,0)位置矿柱竖向应力为 7.02MPa,约等于从属面积法计算得到的应力,而坐标(−72,0)位置矿柱竖向应力为 5.7MPa,与从属面积法计算所得矿柱应力相差较大。因此,从属面积法对估算大面积采空区中部位置的矿柱竖向应力适用性较好,对计算采空区边缘位置的矿柱竖向应力适用性较差。

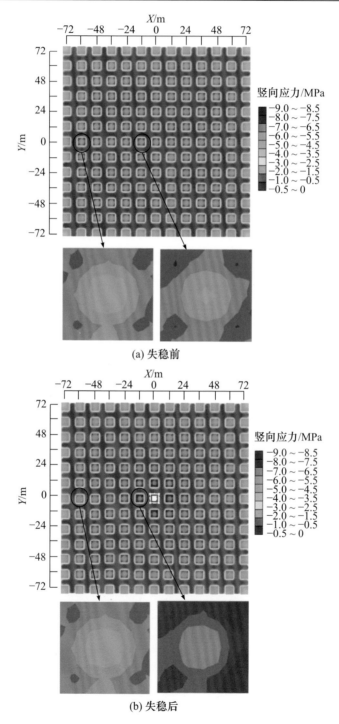

图 4.12　$Z = -27m$ 剖面在失稳前后矿柱竖向应力变化云图

如图 4.12 所示，单个矿柱的应力分布特征表现为边缘应力大、中心应力小，矿柱边缘为应力集中区。例如，坐标(−12，0)位置的矿柱边缘应力达到 7～9MPa，而中心区域应力仅为 5MPa。中部矿柱失稳后，从模型中部向外，各相邻矿柱受到不同程度的影响，离失稳矿柱越近，影响程度越大，且各矿柱中心低应力区域面积减小，边界高应力区域向中心扩展，矿柱平均竖向应力增大。

模型 $Y=0$m 截面顶板沉降位移曲线如图 4.13 所示。采空区中心位置顶板沉降位移最大，边界处顶板沉降位移最小，顶板沉降后在截面方向呈漏斗形状。

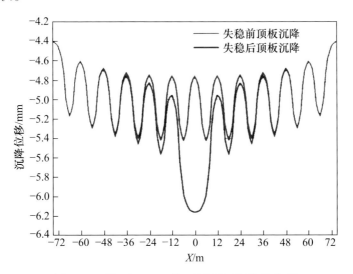

图 4.13 模型 $Y=0$m 截面顶板沉降位移曲线

图 4.14(a)为 1～7 号矿柱的竖向应力变化曲线，图 4.14(b)为中部矿柱失稳前(A 时刻)及失稳造成应力重新平衡后(B 时刻)，$Y=0$m 平面矿柱竖向应力分布云图。7 号矿柱失稳后，6 号矿柱的竖向应力增加幅度最大，受扰动影响最严重；5 号矿柱次之，竖向应力增加 0.18MPa，其他矿柱影响较小。本次模型试验中，中部矿柱失稳后，引起的传递荷载总量小，且可分担荷载的矿柱个数多，因此邻近矿柱应力增加值均较小。从图 4.14(c)可以看出，径向距离越大，荷载传递率越小，图中 LTR=0 对应的径向距离即为荷载最大传递距离，本例中荷载最大传递距离约为 60m。

图 4.15 为矿柱失稳荷载传递率的三维柱状图。LTR 的分布具有如下特征：

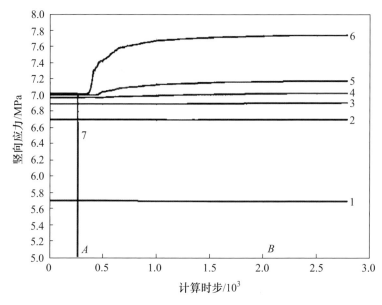

(a) 矿柱竖向应力随时间的变化

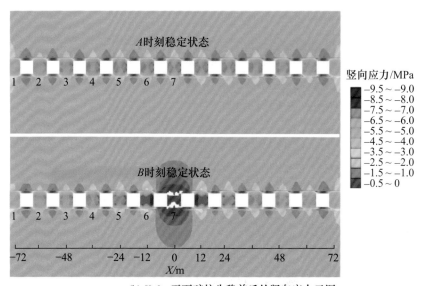

(b) Y=0m平面矿柱失稳前后的竖向应力云图

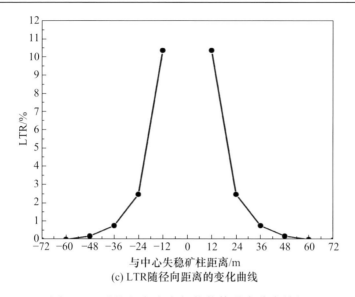

(c) LTR随径向距离的变化曲线

图 4.14　矿柱竖向应力与荷载传递率分布特征

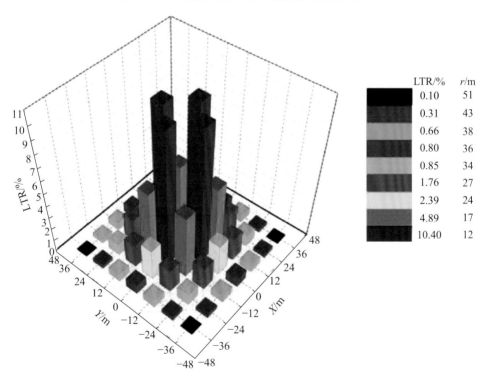

图 4.15　矿柱失稳荷载传递率的三维柱状图

(1) 与失稳矿柱径向距离越近,矿柱失稳荷载传递率越大,反之则越小。

在本例的工况下，最大的矿柱失稳荷载传递率为 10.4%，对应的径向距离为 12m；最小的矿柱失稳荷载传递率为 0.1%，对应的径向距离为 51m。

(2) 与失稳矿柱径向距离相等的矿柱，矿柱失稳荷载传递率大小相等。本案例中，径向距离 r=12m 的四个矿柱(对应坐标分别为(0，12)、(0，−12)、(−12，0)、(12，0))失稳荷载传递率均为 10.4%；径向距离 r=17m 的四个矿柱(对应坐标分别为(−12，12)、(−12，−12)、(12，−12)、(12，12))失稳荷载传递率均为 4.89%。

为揭示与失稳矿柱径向距离相等的各矿柱荷载变化规律，将图 4.15中各矿柱的位置及矿柱失稳荷载传递率表示为(X，Y，LTR)。如图 4.16 所示，具有相同荷载传递率的矿柱与失稳矿柱的距离相同。如果采空区面积大，矿柱布局规则，且无边界矿柱存在，则单个矿柱失稳后的矿柱失稳荷载传递率空间分布具有典型喇叭状结构的特点。

从图 4.16 中取剖面线，进行分析可以得到曲线服从如下关系：

$$LTR = A - BC^r \tag{4.8}$$

式中，A、B、C 均为拟合参数；r 为径向距离。

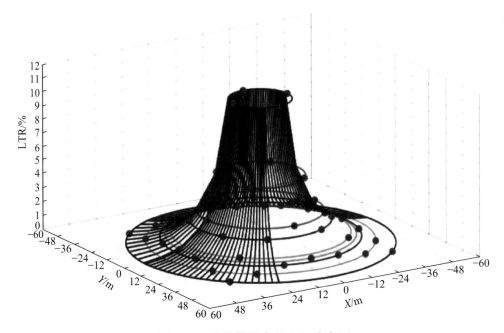

图 4.16　荷载传递率的空间分布图

　　图 4.17 为其中某剖面线的拟合结果，可见荷载传递率与径向距离 r 之间存在明显的指数关系。需要注意的是，参数 A、B、C 的取值可能与工况有关。应用式(4.8)进行矿柱稳定性评价时，要结合现场调查、室内试验和数值模拟结果确定参数 A、B、C 的取值。

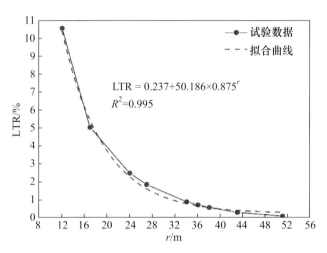

图 4.17　某剖面荷载传递率与径向距离 r 的关系

4.3　不同工况对矿柱失稳荷载传递率的影响分析

1. 工况指标的选取

　　工况指标是能综合反映采空区矿柱和顶底板所处的应力、强度、变形和破坏状态等因素的集合，也是衡量采空区稳定性的指标集合。

　　如图 4.18 所示，反映采空区稳定性的工况指标可分为三大类：内在地质指标、人为设计指标以及其他指标。内在地质指标由组成采空区矿柱和顶底板的自然地质条件决定，如岩石强度指标、地应力指标、采空区埋深指标以及岩石变形特征指标等；人为设计指标主要与开采设计相关，如矿柱空间布局、矿柱几何形状、矿柱竖向应力分布、开挖率、采空区尺寸等；其他指标则包括人类活动及自然的扰动，如矿柱岩石的自然风化、开采的扰动或者浅埋采空区受到人类活动的动态扰动等。

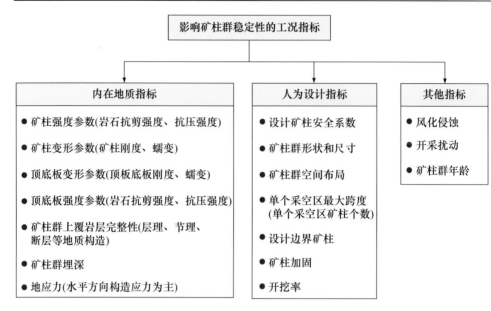

图 4.18　影响矿柱稳定性的潜在工况指标

2. 工况指标对矿柱失稳荷载传递率的影响分析

影响矿柱稳定性的工况指标较多，本节选取矿柱埋深、采空区空间跨度、矿柱宽高比、开挖率、顶板弹性模量五个指标作为研究对象，基于 FLAC3D 软件建立数值模型，分析此类指标对矿柱失稳荷载传递的影响。本节设计 5 因素 6 水平的正交试验方案，不同的方案所设计的工况参数见表 4.10。

表 4.10　工况指标对矿柱失稳荷载传递率的影响对比试验设计

指标	试验编号	埋深/m	横向矿柱个数	矿柱宽/m	矿柱高/m	宽高比	矿房宽/m	设计开挖率/%	顶板弹性模量/GPa
	1-1	50	13	6	6	1.0	6	75	20
	1-2	100	13	6	6	1.0	6	75	20
矿柱埋深	1-3	150	13	6	6	1.0	6	75	20
	1-4	200	13	6	6	1.0	6	75	20
	1-5	250	13	6	6	1.0	6	75	20
	1-6	300	13	6	6	1.0	6	75	20

续表

指标	试验编号	埋深/m	横向矿柱个数	矿柱宽/m	矿柱高/m	宽高比	矿房宽/m	设计开挖率/%	顶板弹性模量/GPa
采空区空间跨度	2-1	50	3	6	6	1.0	6	75	20
	2-2	50	5	6	6	1.0	6	75	20
	2-3	50	7	6	6	1.0	6	75	20
	2-4	50	9	6	6	1.0	6	75	20
	2-5	50	11	6	6	1.0	6	75	20
	2-6	50	13	6	6	1.0	6	75	20
矿柱宽高比	3-1	50	13	6	8	0.75	6	75	20
	3-2	50	13	6	6	1.0	6	75	20
	3-3	50	13	6	4	1.5	6	75	20
	3-4	50	13	6	3	2.0	6	75	20
	3-5	50	13	6	2	3.0	6	75	20
	3-6	50	13	6	1	6.0	6	75	20
开挖率	4-1	50	13	10	10	1.0	2	31	20
	4-2	50	13	9	9	1.0	3	44	20
	4-3	50	13	8	8	1.0	4	56	20
	4-4	50	13	7	7	1.0	5	66	20
	4-5	50	13	6	6	1.0	6	75	20
	4-6	50	13	5	5	1.0	7	83	20
顶板弹性模量	5-1	50	13	6	6	1.0	6	75	5
	5-2	50	13	6	6	1.0	6	75	10
	5-3	50	13	6	6	1.0	6	75	20
	5-4	50	13	6	6	1.0	6	75	30
	5-5	50	13	6	6	1.0	6	75	40
	5-6	50	13	6	6	1.0	6	75	50

1) 矿柱埋深

如图 4.19 所示，此模拟工况下，不同埋深条件下矿柱失稳荷载传递率曲线几乎完全重合，表明采空区埋深的变化对荷载传递的影响较小，表 4.11 为不同埋深条件下矿柱失稳荷载传递率曲线的拟合参数。

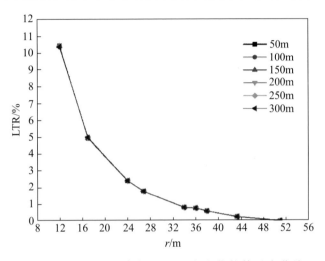

图 4.19　不同埋深条件下矿柱失稳荷载传递率曲线

表 4.11　不同埋深条件下矿柱失稳荷载传递率曲线的拟合参数

试验编号	参数			R^2
	A	B	C	
1-1	0.237	−50.186	0.875	0.955
1-2	0.233	−49.900	0.875	0.955
1-3	0.224	−49.647	0.875	0.955
1-4	0.216	−49.299	0.876	0.966
1-5	0.217	−48.914	0.876	0.966
1-6	0.211	−48.587	0.877	0.966

2) 采空区空间跨度

不同采空区空间跨度条件下矿柱失稳荷载传递率曲线如图 4.20 所示。可以看出，随着采空区空间跨度的增大，传递至各矿柱的荷载随之增大。当采空区矿柱数量为 3、跨度为 42m 时，径向距离 12m 处矿柱失稳荷载传递率为 5%，径向距离 17m 处矿柱失稳荷载传递率为 1.5%。当采空区空间跨度增大，矿柱个数达到 7 时，径向距离为 12m、17m、24m、26m、34m、

36m、39m、43m、51m 的矿柱失稳荷载传递率分别为 10.5%、5%、2.2%、2%、1%、0.6%、0.5%、0.3%、0.1%。不同采空区空间跨度条件下矿柱失稳荷载传递率曲线的拟合参数见表 4.12。

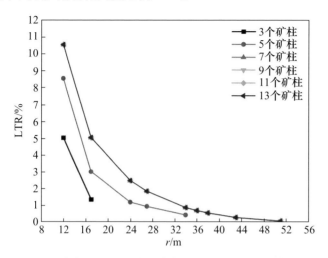

图 4.20　不同采空区空间跨度条件下矿柱失稳荷载传递率曲线

表 4.12　不同采空区空间跨度条件下矿柱失稳荷载传递率曲线的拟合参数

试验编号	参数			R^2
	A	B	C	
2-1	—	—	—	—
2-2	—	—	—	—
2-3	0.236	−49.686	0.875	0.955
2-4	0.230	−49.500	0.875	0.955
2-5	0.228	−49.647	0.875	0.955
2-6	0.226	−49.947	0.875	0.955

3) 矿柱宽高比

不同矿柱宽高比条件下矿柱失稳荷载传递率曲线如图 4.21 所示。可以看出，矿柱宽高比越大，相邻矿柱获得的矿柱失稳传递荷载越大，相邻矿柱以外区域的矿柱荷载增加量越小。例如，当矿柱宽高比由 0.75 增加到 6.0 时，径向距离 12m 处矿柱失稳荷载传递率由 9.5% 增加到 13.5%，径向距离 36m 处矿柱失稳荷载传递率由 1.0%下降到 0.2%。当矿柱宽高比达到 6.0 时，对失稳荷载向外传递具有一定的阻挡作用。表 4.13 为不同矿柱宽高比条件下矿柱失稳荷载传递率曲线的拟合参数，参数 B 的取值对宽高比指标最敏感，参数 A 和 C 的取值变化不大。

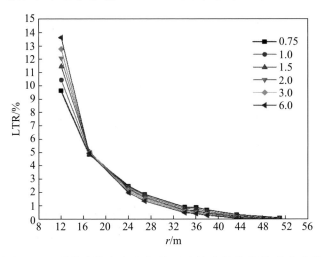

图 4.21　不同矿柱宽高比条件下矿柱失稳荷载传递率曲线

表 4.13　不同矿柱宽高比条件下矿柱失稳荷载传递率曲线的拟合参数

试验编号	参数			R^2
	A	B	C	
3-1	0.270	−40.601	0.884	0.995
3-2	0.237	−50.186	0.875	0.995
3-3	0.233	−66.032	0.862	0.995
3-4	0.228	−78.435	0.854	0.995
3-5	0.216	−96.067	0.843	0.995
3-6	0.225	−125.561	0.829	0.995

4) 开挖率

不同开挖率条件下矿柱失稳荷载传递率曲线如图 4.22 所示。可以看出，开挖率越小，相邻矿柱获得的矿柱失稳传递荷载越大，相邻矿柱以外区域的矿柱荷载增加量越小。例如，当开挖率由 31%增加到 83%时，径向距离 12m 处矿柱失稳荷载传递率由 14%下降到 9.5%，径向距离 36m 处矿柱失稳荷载传递率由 0.5%增加到 1.0%。表 4.14 为不同开挖率条件下矿柱失稳荷载传递率曲线的拟合参数，参数 B 的取值对开挖率指标最为敏感，参数 A 和 C 的取值变化不大。

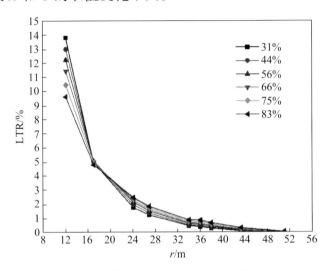

图 4.22　不同开挖率条件下矿柱失稳荷载传递率曲线

表 **4.14**　不同开挖率条件下矿柱失稳荷载传递率曲线的拟合参数

试验编号	参数			R^2
	A	B	C	
4-1	0.243	−140.551	0.823	0.997
4-2	0.246	−107.469	0.837	0.996
4-3	0.254	−83.680	0.850	0.996
4-4	0.250	−66.491	0.861	0.995
4-5	0.237	−50.186	0.875	0.995
4-6	0.249	−40.234	0.884	0.995

5) 顶板弹性模量

不同顶板弹性模量条件下矿柱失稳荷载传递率曲线如图 4.23 所示。可以看出，顶板弹性模量对矿柱失稳荷载传递率影响较大。顶板弹性模量较小时，离扰动中心越近，矿柱失稳荷载传递率越大，离扰动中心越远，矿柱失稳荷载传递率越小。顶板弹性模量较大时，靠近扰动中心，矿柱失稳荷载传递率相对较小，远离扰动中心，矿柱失稳荷载传递率相对较大，此时各矿柱失稳荷载传递率分布较均匀。假设顶板绝对刚性，不产生沉降变形，则任一矿柱的失稳扰动将在各矿柱产生相等的矿柱失稳荷载传递率。不同顶板弹性模量条件下矿柱失稳荷载传递率曲线的拟合参数见表 4.15，参数 B 对顶板弹性模量指标十分敏感，取值范围为$-109.109 \sim -25.441$，参数 A 和 C 的取值则相对稳定。

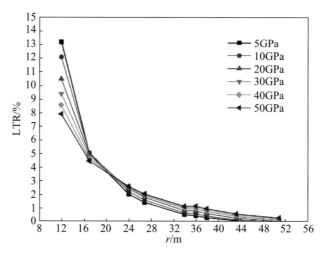

图 4.23　不同顶板弹性模量条件下矿柱失稳荷载传递率曲线

表 4.15　不同顶板弹性模量条件下矿柱失稳荷载传递率曲线的拟合参数

试验编号	参数			R^2
	A	B	C	
5-1	0.210	−109.109	0.837	0.995
5-2	0.219	−77.833	0.854	0.995
5-3	0.237	−50.186	0.875	0.995
5-4	0.291	−37.693	0.887	0.995
5-5	0.340	−30.318	0.896	0.995
5-6	0.358	−25.441	0.902	0.995

参 考 文 献

[1] 周子龙, 柯昌涛, 王亦凡, 等. 基于颗粒离散元的矿柱群连锁失稳机理分析[J]. 中国地质灾害与防治学报, 2018, 29(4): 78-84.

[2] Zhou Z L, Zhao Y, Jiang Y H, et al. Dynamic behavior of rock during its post failure stage in SHPB tests[J]. Transactions of Nonferrous Metals Society of China, 2017, 27(1): 184-196.

[3] 潘岳, 王志强, 李爱武. 初次断裂期间超前工作面坚硬顶板挠度、弯矩和能量变化的解析解[J]. 岩石力学与工程学报, 2012, 31(1): 32-41.

[4] Poulsen B A, Shen B. Subsidence risk assessment of decommissioned bord-and-pillar collieries[J]. International Journal of Rock Mechanics and Mining Sciences, 2013, 60: 312-320.

[5] Hauquin T, Deck O, Gunzburger Y. Average vertical stress on irregular elastic pillars estimated by a function of the relative extraction ratio[J]. International Journal of Rock Mechanics and Mining Sciences, 2016, 83: 122-134.

[6] 杜晓丽, 马芹永, 宋宏伟, 等. 煤矿层状岩体压力拱演化规律的相似模拟[J]. 地下空间与工程学报, 2017, 13(2): 381-386.

[7] 李英杰, 张顶立, 刘保国. 考虑变形模量劣化的应变软化模型在 FLAC[3D] 中的开发与验证[J]. 岩土学报, 2011, 32(S2): 647-652, 659.

第5章　开采扰动对矿柱群稳定性的影响

地下矿床开采时，不同时期、不同盘区与不同中段的采场往往同时存在。前期开采形成的以矿柱为主要支撑结构的采空区会受后期相邻采区采矿活动的影响。相关事故调查表明，开采扰动是诱发矿柱倒塌及顶板冒落等灾害的主要原因，因此有必要开展开采扰动条件对矿柱群稳定性影响的研究。本章以我国西部某矿为工程背景，通过相似材料物理模型、理论分析、数值模拟等研究，揭示开采扰动诱发矿柱群体系动态失稳灾害的孕育机理，为类似工程条件的开采设计、灾害防治提供理论依据。

5.1　近区开采对上部矿柱群稳定性的影响

5.1.1　模型试验与设计

基于西部某矿采场条件，试验设计的物理相似模型如图 5.1 所示。试验模型长 1200mm、宽 80mm、高 420mm。其上部矿层采用房柱式开采，已形成矿柱群承载体系[1,2]。试验中逐步对下部矿层进行开采，并采用非接触数字散斑监测技术，捕捉并分析开采过程中矿柱群承载体系的变形及失稳特征。为便于数据处理和结果分析，从模型左侧开始对矿柱按顺序依次进行编号。且矿柱群基本顶、直接顶及工作面基本顶分别用 MRP、IRP 及 MLW 表示[3,4]。试验过程中的位移监测采用非接触式数字散斑全场位移监测系统，采集帧率为 30 帧/s，图像分辨率为 1920 像素×1080 像素。

模型试验设计时，所依托矿区的岩层物理力学参数见表 5.1。综合考虑覆岩结构、岩层物理性质及模拟研究的目的，确定物理相似模型的几何相似比 C_L=1:100，容重相似比 C_γ = 1:1.6，应力相似比 C_σ = 1:160。物理模拟材料为以河砂和云母作骨料，以碳酸钙和石膏作胶结料，外加一定比例的煤灰[5]。最终确定的物理相似模型中各岩层赋存特征及材料配比见表 5.2。

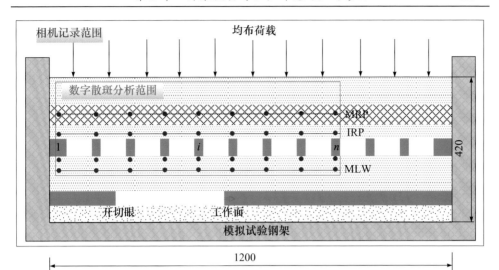

图 5.1　物理相似模型示意图(单位：mm)

● 位移监测及下沉速度监测点；——— 位移监测线；

▨ 泥岩；▨ 细砂岩；▨ 粉砂岩；▨ 煤层

表 5.1　依托矿区各岩层物理力学参数

岩层	密度/(kg/m³)	单轴抗压强度/MPa	弹性模量/GPa	泊松比
细砂岩	2650	44	45	0.18
粉砂岩	2540	35	32	0.25
泥岩	2600	28	23	0.22
煤层	1350	11	18	0.27

表 5.2　物理相似模型各岩层赋存特征及材料配比

岩层	厚度/mm	材料				强度/MPa	弹性模量/GPa
		河砂/kg	碳酸钙/kg	石膏/kg	水/kg		
泥岩	80	7.20	1.26	0.54	1.00	0.16	0.13
细砂岩	60	6.78	0.68	1.58	1.00	0.23	0.21
泥岩	40	7.20	1.26	0.54	1.00	0.16	0.13
上煤层	50	7.89	0.79	0.37	1.00	0.07	0.11
泥岩	20	7.20	1.26	0.54	1.00	0.16	0.13
粉砂岩	40	7.22	0.90	0.90	1.00	0.23	0.21
泥岩	40	7.20	1.26	0.54	1.00	0.16	0.13
下煤层	40	7.89	0.79	0.37	1.00	0.07	0.11
粉砂岩	50	7.22	0.90	0.90	1.00	0.23	0.21

共设置两组试验，其具体参数如下：

(1) 模型 1 中矿柱留设宽度为 35mm，间隔 70mm。

(2) 模型 2 中矿柱留设宽度为 27mm，间隔 75mm。

试验中矿柱群所在岩层厚度为 50mm，因此模型 1 和模型 2 上覆采空区矿柱宽高比分别为 0.7、0.54。

模型浇筑完成后，首先开采上部矿层形成矿柱群体系，然后用长壁法开采下部矿层。开采过程可描述如下：工作面逐步推进，每次回采 50mm，并停采约 60s 观察顶板变形运动及裂纹扩展情况。如果在回采过程中或停采观测期间出现宏观裂纹或直接顶冒落，则需等待顶板运动完成后，再进行下一步开采，最终当上覆岩层顶板出现大面积垮落后终止试验。

5.1.2 顶板运动及失稳特征

1. 模型 1 顶板运动规律

在下部工作面推进过程中，其顶板弯曲下沉，并诱发上覆矿柱群变形破坏，破坏过程如图 5.2 所示。具体失稳破坏特征可描述如下：

(1) 工作面回采 0～350mm 区间时，上部顶板均未出现明显变形。当工作面推进 350mm 后，停采观测期间，工作面直接顶先后出现离层并垮落，如图 5.2(b)所示。

(2) 工作面回采 450～500mm 区间时，当推进约 465mm 时，工作面上方第一层直接顶出现裂纹，形成砌体梁结构，暂时保持稳定，且第二层直接顶未出现明显离层，如图 5.2(c)所示。

(3) 工作面回采 500～550mm 区间时，当推进约 510mm 时，工作面后方第二层直接顶出现裂纹，随后垮落，并诱发第一层直接顶垮落，如图 5.2(d)所示。

(4) 工作面回采 550～600mm 区间时，当推进约 600mm 时，第一层直接顶沿工作面垮落，停采观测期间，工作面上方第二层直接顶出现裂纹并弯曲下沉，其自由端与采空区接触形成铰接结构，并未完全垮落，如图 5.2(e)所示。

(5) 当工作面回采 650mm 后(实际推进约 660mm)，停采观测期间，3 号矿柱出现明显裂纹，顶板及上覆矿柱群体系顶板显著下沉，如图 5.2(f)～(h)所示。详细失稳过程描述如下：

① 3 号矿柱出现裂纹，工作面及上覆矿柱群关键层中部出现拉伸裂纹，且 6 号矿柱上方直接顶与关键层间出现离层，如图 5.2(f)所示。

② 9 号矿柱左上侧出现裂纹，与此同时，开切眼上方，2 号矿柱右下侧及采空区中部关键层均出现拉伸裂纹，且其持续下沉，并与采空区矸石接触，如图 5.2(g)所示。

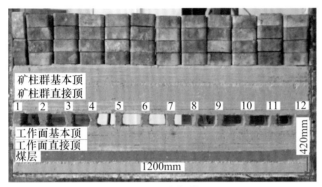

(a) 上覆矿柱群

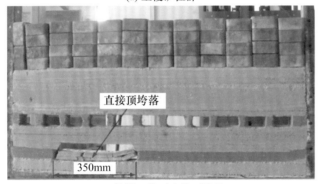

(b) 长壁工作面直接顶垮落

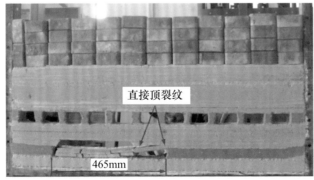

(c) 长壁工作面第一层直接顶裂纹

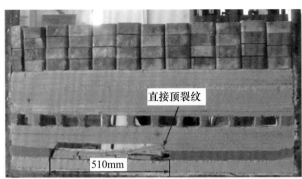

(d) 长壁工作面第二层直接顶裂纹

(e) 直接顶再次垮落

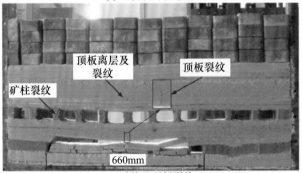

(f) 矿柱及顶板裂纹

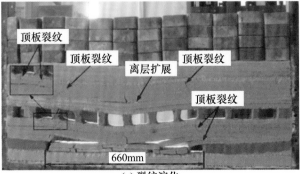

(g) 裂纹演化

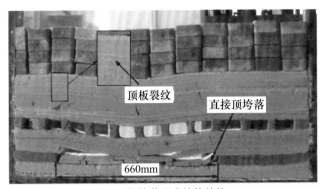

(h) 顶板垮落形成铰接结构

图 5.2 模型 1 变形破坏过程

③ 工作面关键层持续下沉且诱发工作面第一层直接顶垮落，随后压缩采空区底板并逐渐形成铰接结构，下沉速度减慢，而矿柱群承载体系上覆岩层持续快速下沉，且其直接顶与关键层间的离层减小，如图 5.2(h) 所示。

2. 模型 2 顶板运动规律

在下部工作面推进过程中，其顶板弯曲下沉，并诱发上覆矿柱群承载体系变形破坏，破坏过程如图 5.3 所示。具体失稳破坏特征可描述如下：

(1) 工作面回采 0～350mm 区间时，回采及停采观测期间，上覆矿层顶板均未出现宏观裂纹。

(2) 工作面回采 350～400mm 区间时，当推进约 365mm 时，工作面直接顶及第二层直接顶与其关键层之间均出现离层，且两直接顶离层相对较大，如图 5.3(b) 所示。

(3) 当工作面回采 400mm 后，工作面上覆岩层直接弯曲下沉，其中部与底板接触后形成铰接结构，并未完全垮落，但上部矿柱群顶板均未出现明显下沉，如图 5.3(c) 所示。

(4) 工作面回采 400～500mm 区间时，回采过程中及停采观测期间，工作面关键层有较小下沉，但暂时稳定。

(5) 工作面回采 500～550mm 区间时，当推进约 510mm 时，2～7 号矿柱相继失稳，且其上覆岩层剪切下沉垮落，最终充满采空区，如图 5.3(d)～(h) 所示。详细失稳过程描述如下：

① 2 号和 3 号矿柱出现裂纹并失稳破坏，如图 5.3(d) 所示。

② 6 号和 7 号矿柱失稳破坏，上覆矿柱群体系顶板出现剪切裂纹(1

号矿柱右侧及 8 号矿柱左侧)且明显下沉，模型中部下侧及开切眼与上侧均出现拉伸裂纹，如图 5.3(e)、(f)所示。

③ 6 号和 7 号矿柱完全坍塌，4 号和 5 号矿柱失稳破坏，矿柱群顶板整体下沉，如图 5.3(g)所示。

④ 工作面顶板和上部矿柱群全面垮落，并充满采空区，如图 5.3(h)所示。

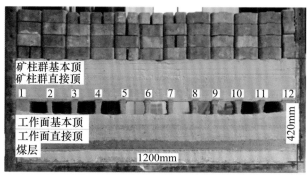

(a) 上覆矿柱群

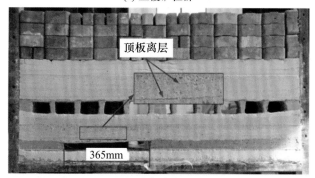

(b) 直接顶离层

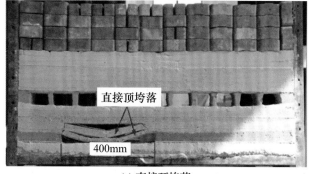

(c) 直接顶垮落

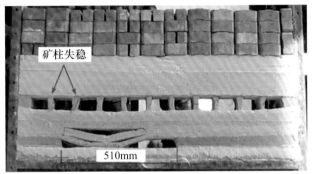

(d) 2号和3号矿柱失稳

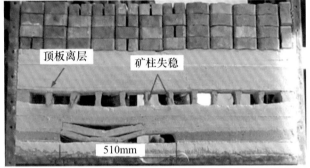

(e) 6号和7号矿柱失稳

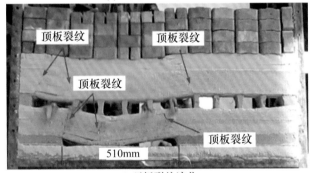

(f) 顶板裂纹演化

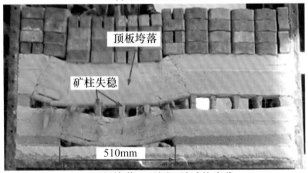

(g) 顶板垮落及4号和5号矿柱失稳

(h) 顶板垮落充满采空区

图 5.3　模型 2 变形破坏过程

3. 失稳破坏特征

由上述分析可知，两组模型试验中，虽然工作面上部矿柱群承载能力不同，但是变形破坏全过程具有一定的相似性。下部矿层回采过程中，随着工作面推进距离的增大，工作面直接顶逐步冒落，顶板弯曲下沉，并诱发上覆矿柱群出现失稳破坏。总体上，可将变形破坏全过程分为两个阶段：第一阶段为工作面直接顶垮落及关键层稳定变形阶段，主要特征为工作面回采诱发直接顶冒落及上覆岩层运动；第二阶段为失稳演化阶段，长壁工作面基本顶下沉，并诱发上覆岩层快速下沉或完全垮落失稳。模型 1 工作面回采 0～600mm 区间过程中及停采观测期间，工作面直接顶垮落，关键层稳定变形，工作面回采完 600～660mm 区间后出现局部矿柱失稳及上覆岩层显著下沉。因此，将工作面回采 0～600mm 区间划分为稳定变形阶段，回采 600mm 后划分为失稳演化阶段。而模型 2 工作面回采 0～500mm 区间过程中及停采观测期间，工作面直接顶垮落，关键层稳定变形。工作面回采 500～550mm 区间过程中(推进 510mm)，2～7 号矿柱先后失稳破坏，矿柱群承载体系上覆岩层完全垮落，并充满采空区。因此，将工作面回采 0～500mm 区间划分为稳定变形阶段，回采 500mm 后划分为失稳演化阶段。对比试验破坏结果可知，因模型 1 上覆矿柱宽高比较大(承载能力较大)，失稳破坏过程中，矿柱基本保持稳定，裂纹扩展后，回采工作面顶板及上覆矿柱群承载体系形成新的稳定结构。而模型 2 矿柱承载能力较小，失稳过程中出现多矿柱连锁倒塌，破坏较为剧烈。

5.1.3　矿柱群失稳传递机理

选取失稳演化阶段捕捉的第一帧图像作为参考图像，利用数字散斑技术对试验结果进行分析。模型 1 中第一帧图像为回采 600mm 时捕捉的，模型 2 中第一帧图像为回采 500mm 时捕捉的。

1. 模型 1 失稳传递机理

图 5.4 为模型 1 失稳传递过程中特征时间点的变形云图，对应的顶板下沉曲线如图 5.5 所示。可以看出，从失稳演化阶段开始至 285.56s(此时工作面已推进 660mm)，工作面基本顶下沉量最大，3 号矿柱及周边岩体出现明显变形，说明矿柱群受下部开采扰动影响。至 285.74s 时，工作面关键层与矿柱群关键层竖向位移持续增大，此时 3 号矿柱及工作面关键层承载能力已明显下降。285.74～285.80s，矿柱群直接顶及关键层位移增量快速增大。因此，在失稳演化阶段，工作面顶板的非稳定沉降诱导模型中各岩层失稳，并持续向上传递，最终导致矿柱群顶板的非稳定下沉。

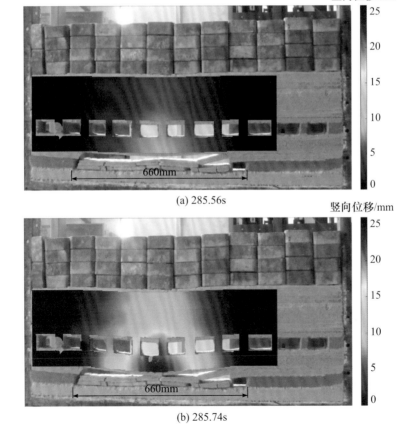

(a) 285.56s

(b) 285.74s

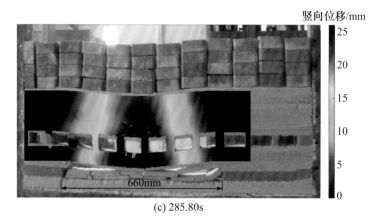

(c) 285.80s

图 5.4　模型 1 失稳传递过程中特征时间点的变形云图

模型 1 失稳传递过程中，各测点的位移-时间曲线如图 5.6 所示。可以看出，失稳传递阶段前期，各测点位移稳定缓慢增加。285.56s 后，工作面关键层及矿柱群直接顶中各测点开始加速下沉，于 285.68s 后急速下沉并失稳。285.60s 后，上覆矿柱群关键层下沉速度开始加快，并于 285.70s 后失稳。各岩层失稳时间的差异说明工作面顶板比矿柱群顶板率先丧失承载能力。如图 5.6(a)所示，285.72～285.76s，工作面顶板测点 6 处有较大位移，285.76s 后其位移基本保持不变。图 5.6(b)中，285.72～285.76s，矿柱群直接顶中测点 6 处有较大位移，同样 285.76s 后其位移基本保持不变。然而在矿柱群上部的关键层中，从 285.74s 开始才出现较大位移并于

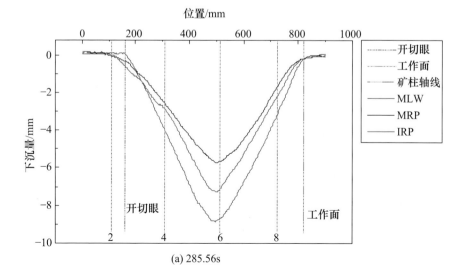

(a) 285.56s

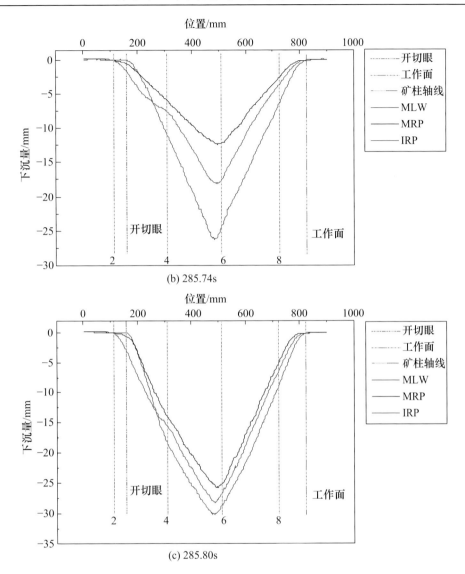

图 5.5　模型 1 失稳传递过程中特征时间点的顶板下沉曲线

285.80s 后保持不变。此结果说明失稳灾害由下向上传递，并在下覆岩层下沉稳定后，上覆岩层仍继续下沉，直至形成新的稳定结构。

图 5.7 和图 5.8 模型 1 给出了失稳传递过程中矿柱应变和矿柱群顶板离层量随时间的变化规律。285.56s 后，矿柱应变及顶板离层变化速度加快，285.68s 后，3 号矿柱开始发生非稳定压缩变形，而 5 号矿柱出现非稳定拉伸变形；同时，测点 6 处出现非稳定变化。285.74s 后，5 号矿

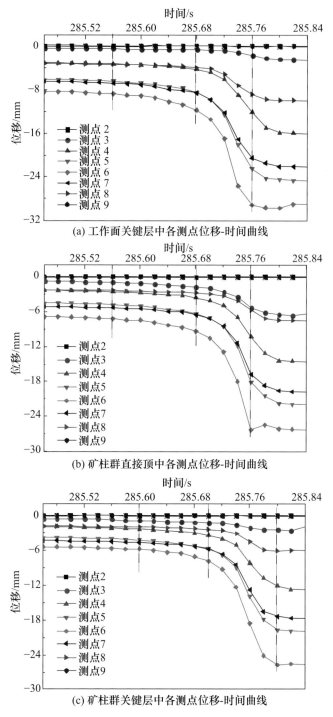

(a) 工作面关键层中各测点位移-时间曲线

(b) 矿柱群直接顶中各测点位移-时间曲线

(c) 矿柱群关键层中各测点位移-时间曲线

图 5.6　模型 1 失稳传递过程中各测点位移-时间曲线

柱拉伸应变开始减小；285.76s 后，矿柱群顶板离层量减小。此结果更进一步说明灾害由下向上传递，且工作面直接顶触底后，上覆岩层持续下沉。但因矿柱强度较大，灾害传递过程并未诱发大规模矿柱失稳破坏。

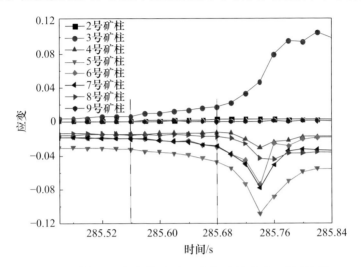

图 5.7　模型 1 失稳传递过程中各矿柱应变-时间曲线

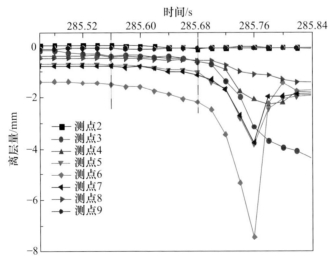

图 5.8　模型 1 失稳传递过程中各测点顶板离层量-时间曲线

2. 模型 2 失稳传递机理

图 5.9 为模型 2 失稳传递过程中特征时间点的变形云图，对应的顶板

下沉曲线如图 5.10 所示。可以看出，13.10s 时(工作面已推进 510mm)，
回采工作面顶板中部出现明显下沉，但矿柱群顶板整体位移较小。然而，
此时开切眼及长壁工作面上方，上部矿柱群直接顶竖向位移大于工作面
基本顶竖向位移(见图 5.10(a))。说明工作面顶板的弯曲下沉造成 4 号和 5
号矿柱支撑荷载的下降，其所承担的荷载会通过顶板向相邻矿柱转移，
从而诱发矿柱群顶板的进一步下沉。13.10~13.16s，工作面基本顶位移
增加量相对较小，而 2 号和 3 号矿柱顶板出现较大下沉。此时 3 号矿柱
顶板具有最大的下沉量。对比图 5.10(a)和(b)可以看出，上部矿柱群顶板
竖向位移大于工作面基本顶竖向位移的区域也随之增大。除此之外，2 号
矿柱上方顶板的变形云图变化明显，说明 2 号和 3 号矿柱的失稳诱发了
矿柱群顶板剪切裂纹的发展。13.20s 后，矿柱群顶板从 1 号矿柱右侧至 8
号矿柱左侧位置出现了明显的下沉。与此同时，从 3 号矿柱轴线至 7 号
矿柱轴线，工作面基本顶位移增加较大。结合 5.1.2 节可知，此时 6 号和
7 号矿柱已失稳破坏，丧失承载能力，且 1 号矿柱右侧及 8 号矿柱左上方

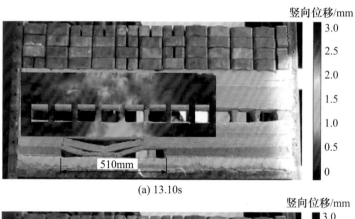

(a) 13.10s

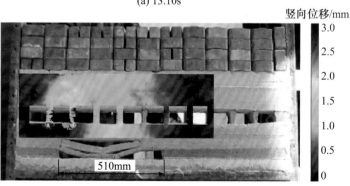

(b) 13.16s

(c) 13.20s

图 5.9　模型 2 失稳传递过程中特征时间点的变形云图

顶板出现裂纹。因此，由 2 号矿柱至 7 号矿柱所支撑的顶板整体垮落，并造成长壁工作面基本顶的迅速下沉。

图 5.11 为模型 2 失稳传递过程中各顶板测点的位移-时间曲线，图 5.12 为各矿柱应变-时间曲线。可以看出，13.12s 前，各测点位移及矿柱变形量均相对较小。13.12～13.14s 期间，2 号、3 号、4 号及 6 号矿柱顶板位移增量较小，此阶段工作面顶板各测点位移变化不明显。此后，3 号矿柱顶板下沉量迅速增加，2 号和 3 号矿柱的压缩变形也迅速增大。说明工作面直接顶弯曲下沉致使荷载重分布，可能诱发了 2 号和 3 号矿柱过载失稳，且模型各岩层由稳定变形向失稳传递转变。13.16s 后，6 号和 7

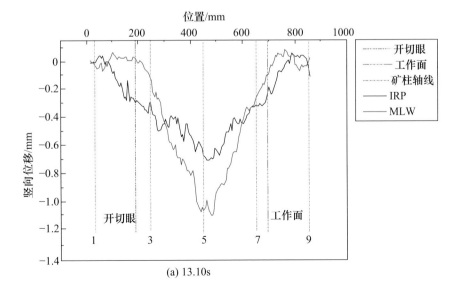

(a) 13.10s

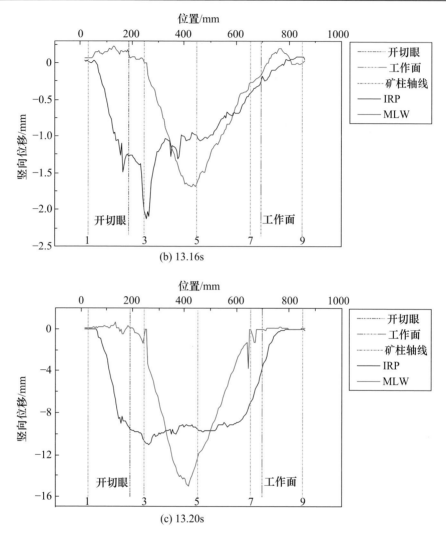

图 5.10　模型 2 失稳传递过程中特征时间点的顶板下沉曲线

号矿柱顶板位移快速增加，4 号和 5 号矿柱轴线处，工作面基本顶也迅速下沉，而 4 号和 5 号矿柱开始出现拉伸变形。说明应力持续转移诱发失稳传递，不仅造成了 6 号和 7 号矿柱的过载失稳，同时也致使长壁工作面基本顶丧失承载能力。然而，1 号和 8 号矿柱顶板位移仍较小，说明此阶段顶板已经出现剪切裂纹而丧失应力传递的功能，矿柱群顶板垮落范围为 1 号矿柱右侧至 8 号矿柱左侧。

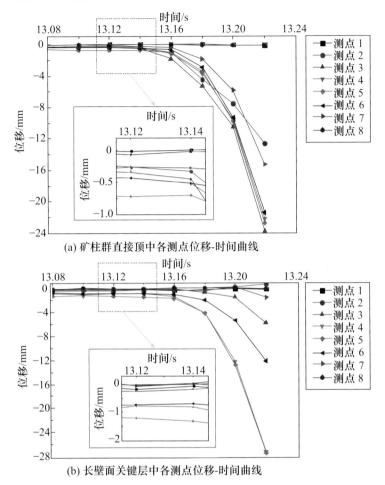

(a) 矿柱群直接顶中各测点位移-时间曲线

(b) 长壁面关键层中各测点位移-时间曲线

图 5.11　模型 2 失稳传递过程中各顶板测点位移-时间曲线

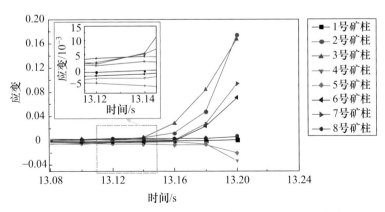

图 5.12　模型 2 失稳传递过程中各矿柱应变-时间曲线

3. 失稳破坏强度

图 5.13 给出了模型 1 失稳过程中各测点下沉速度-时间曲线。可以看出，285.60s 后，工作面基本顶、矿柱群顶板下沉速度均有不同程度的增加，且 285.70s 后发生急速下沉，285.74s 时下沉速度均增加至最大值，分别为 431mm/s、412mm/s。由此可知，失稳首先出现在工作面顶板区域，随即向上传递诱发矿柱群动力灾害。

图 5.14 给出了模型 2 失稳过程中各测点下沉速度-时间曲线。可以看出，矿柱群顶板从 13.14s 开始加速下沉，而工作面顶板加速下沉则发生

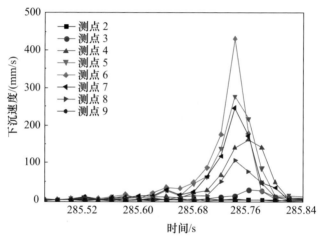

(a) 长壁面基本顶中各测点下沉速度-时间曲线

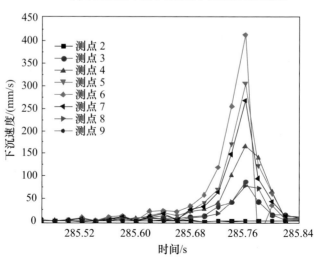

(b) 矿柱群直接顶中各测点下沉速度-时间曲线

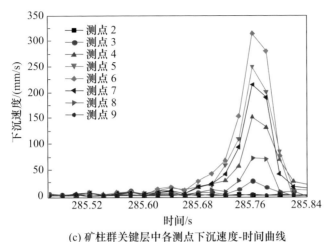

(c) 矿柱群关键层中各测点下沉速度-时间曲线

图 5.13　模型 1 失稳过程中各测点下沉速度-时间曲线

在 13.16s 后。对比图 5.14(a)及(b)可以看出，13.18s 前，工作面顶板各测点的下沉速度均小于矿柱群顶板。此结果表明矿柱群顶板比工作面顶板先开始加速下沉，失稳灾害由矿柱群顶板向工作面基本顶传递。13.20s 时，4 号和 5 号矿柱处，工作面顶板下沉速度分别增至 404mm/s 和 433mm/s，而矿柱群顶板下沉速度分别为 291mm/s 和 313mm/s。观测期间，矿柱群及工作面顶板的最大下沉速度分别为 650mm/s 和 730mm/s。

对比灾害诱发及失稳传递过程中模型 1 和模型 2 的破坏特征可知，模型 2 中，因荷载重分布诱发了部分矿柱的连续倒塌失稳，其失稳传递表现更为剧烈，破坏性更强，且坍塌范围更广。

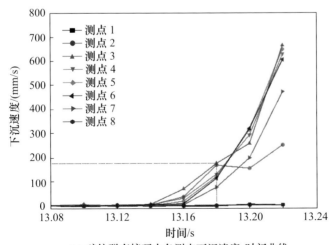

(a) 矿柱群直接顶中各测点下沉速度-时间曲线

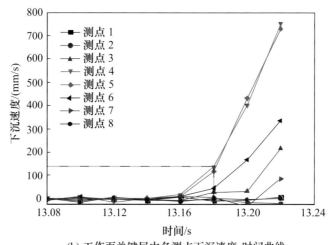

(b) 工作面关键层中各测点下沉速度-时间曲线

图 5.14　模型 2 失稳过程中各测点下沉速度-时间曲线

5.1.4　矿柱群失稳及顶板剪切破坏

房柱法开采地下矿床时，会遗留大量矿柱支撑上覆岩层，从而形成矿柱群-顶板承载体系，体系中任一矿柱丧失支撑能力后，其所承担的荷载均会通过顶板向相邻矿柱转移[6]。

如图 5.15(a)所示，矿柱失稳后，其相邻矿柱荷载将不同程度地增加，

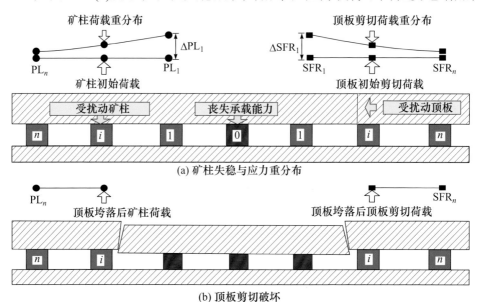

图 5.15　矿柱连续过载及顶板剪切

且荷载叠加易诱发矿柱群的连锁倒塌。此外，矿柱荷载增加的同时，也会引起顶板相应位置剪切应力的增加。如图 5.15(b)所示，当剪切应力超过其剪切强度时，顶板产生剪切滑移并丧失荷载传递功能，矿柱失稳传递结束，剩余矿柱支撑面积减小并将形成新的稳定结构。本章模型试验中，模型 1 中矿柱承载能力较强，回采诱发了小范围的地表沉降。而模型 2 中因矿柱承载能力较差，回采诱发的荷载重分布造成了矿柱群的连续过载失稳，且顶板的剪切滑移终止了矿柱群的失稳传递。因此，局部矿柱失稳极易诱发矿柱群的连续倒塌，但其失稳范围由矿柱强度及顶板条件共同决定。

5.1.5　矿柱群失稳诱发及灾害传递机制

由试验结果可知，虽然模型 1 和模型 2 中矿柱尺寸不同，但工作面回采均诱发了上覆岩层的非稳定下沉。回采过程中上覆岩层运动特征可分为两个阶段：第一阶段为工作面直接顶垮落及基本顶稳定变形阶段；第二阶段为矿柱群失稳传递阶段，此阶段中，模型 1 和模型 2 各岩层运动特征差异较大，且具有不同的失稳诱发及灾害传递机制，如图 5.16 和图 5.17 所示。两模型的失稳诱发及灾害传递机制描述如下。

1) 模型 1 的失稳诱发及灾害传递机制

(1) 工作面回采扰动造成基本顶的弯曲下沉，从而诱发上部矿柱群荷载重分布、矿柱群顶板下沉及离层发育。

(2) 荷载传递造成局部矿柱破坏，但其他矿柱仍能有效承载。

(3) 工作面顶板快速下沉并伴随裂纹发展，上部矿柱群承载能力持续减小，随后矿柱群顶板达到强度极限，出现裂纹并失稳下沉。

(4) 工作面基本顶压实采空区并形成铰接结构，矿柱群顶板持续弯曲下沉，并最终形成新的稳定结构。

2) 模型 2 的失稳诱发及灾害传递机制

(1) 开采扰动造成工作面基本顶的弯曲下沉，从而诱发矿柱群荷载重分布。

(2) 荷载传递造成上覆矿柱群中多个矿柱的连续过载失稳。

(3) 矿柱失稳后，矿柱群顶板悬空距离持续增大，并达到强度极限，造成顶板剪切滑移。

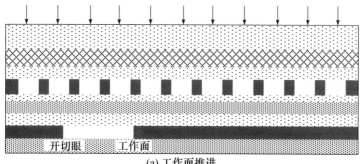

(a) 工作面推进

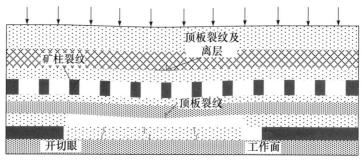

(b) 裂纹扩展

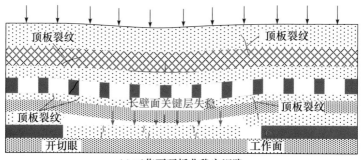

(c) 工作面顶板非稳定沉降

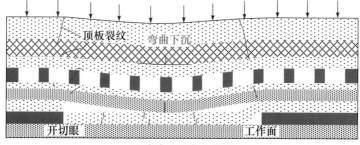

(d) 灾害由下向上传递

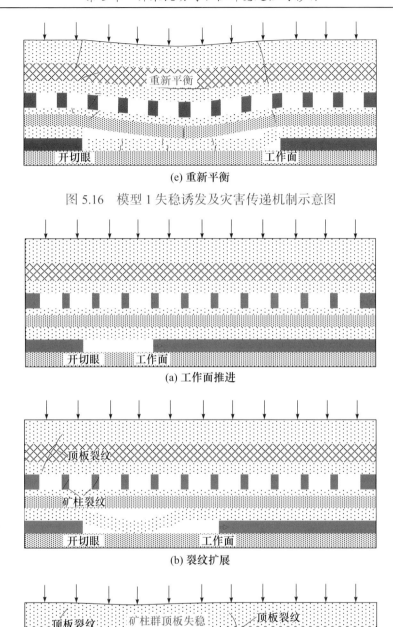

(e) 重新平衡

图 5.16　模型 1 失稳诱发及灾害传递机制示意图

(a) 工作面推进

(b) 裂纹扩展

(c) 矿柱群顶板非稳定沉降

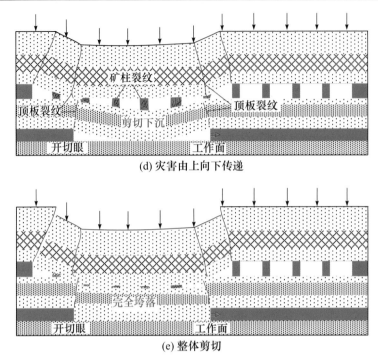

图 5.17　模型 2 失稳诱发及灾害传递机制示意图

(4) 矿柱群顶板垮落造成工作面基本顶剪切冒落。

(5) 工作面及上部矿柱群顶板围岩的大面积坍塌。

可见，开采扰动将造成矿柱群承担荷载重分布并诱发上部岩体的坍塌灾害，但不同矿柱强度条件下，失稳诱发及灾害传递机制不同。模型 1 中矿柱强度较大，随开采距离和范围的增大，岩体变形从工作面顶板向上部矿柱群传递，传递过程中荷载重分布并未造成大面积矿柱失稳。而模型 2 中，矿柱强度较小，随开采距离和范围的增大，岩体变形从工作面顶板传至上部矿柱群后，引起多矿柱的接连失稳和矿柱群顶板的垮落，形成动力荷载，并通过中部未失稳矿柱向工作面顶板传递，坍塌灾害由上向下传递，最终导致包括工作面顶板和矿柱群顶板在内的大范围岩体坍塌。对比模型 1 及模型 2 的失稳速度及破坏特征可知，模型 2 坍塌破坏范围更广，失稳更为强烈。

5.2　矿柱回采或失稳诱发动力的产生机制

5.2.1　矿柱回采或失稳诱发动力产生原因

　　地下工程中，尤其是在深部高地应力环境下进行采矿时，开挖卸载往往会诱发周围岩体失稳破坏，甚至造成动力灾害[7-9]。矿柱-顶板承载体系中，矿柱作为主要的承载单元往往处于较高的应力状态，局部矿柱回采或失稳破坏时易产生强烈的卸载效应，进而对相邻矿柱和围岩造成动力破坏[10]。

　　图 5.18 为矿柱回采或失稳诱发动力产生机制示意图。矿柱回采或失稳前，各矿柱共同承担着上覆岩层荷载。当某矿柱回采或失稳时，其上方顶板便失去了支撑，由该矿柱所承担的荷载向相邻矿柱和围岩转移，因而产生卸载扰动。如图 5.18(b)所示，卸载扰动以卸载波的形式向四周传播，相邻矿柱处于原始应力(蓝色箭头)和扰动应力(红色箭头)的叠加受力状态。如果应力叠加后，矿柱所受应力达到其破坏条件，则发生失稳破坏；如果未达到其破坏条件，则动力扰动以振动形式在体系中消耗。在卸载扰动传播过程中，如果地下岩层软弱破碎，则卸载波传递到围岩和相邻矿柱上时已经发生严重的衰减，诱发动力灾害的效应不明显；当地下岩层较硬且稳定性较好时，卸载波的衰减较慢，可能诱发严重的动力灾害。

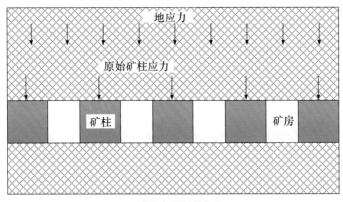

(a) 矿柱支撑初始条件

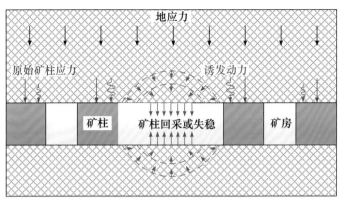

(b) 原始应力与扰动应力的叠加

图 5.18　矿柱回采或失稳诱发动力产生机制示意图

5.2.2　矿柱回采或失稳诱发动力的计算

矿柱初始竖向应力为 σ_v^0，矿柱回采或失稳后的竖向应力为 σ_v^1，则应力增量 $\Delta\sigma_s$ 可表示为

$$\Delta\sigma_s = \sigma_v^1 - \sigma_v^0 \tag{5.1}$$

如图 5.19 所示，矿柱对扰动荷载 $\Delta\sigma_s$ 的动力响应行为可描述如下：

(1) 局部矿柱回采或失稳破坏前，其相邻矿柱处于静力平衡状态，原有的竖向应力为 σ_v^0。

(2) $\Delta\sigma_s$ 作用后，因外荷载大于矿柱的内应力，静力平衡状态被打破，矿柱开始加速压缩，内应力逐渐增大。

(3) 当矿柱内应力增加到 σ_v^1 时，内应力与外荷载相等，但矿柱上端各点仍以一定速度下降。

(4) 当矿柱上端各点速度减小为零时，矿柱达到在 $\Delta\sigma_s$ 作用下的最大压缩变形，此时对应的竖向应力为 σ_v^{max}，相比 σ_v^0 增加了 $\Delta\sigma_d$，可表示为

$$\sigma_v^{max} = \Delta\sigma_d + \sigma_v^0 = R_{max}\Delta\sigma_s + \sigma_v^0 \tag{5.2}$$

式中，R_{max} 为动力放大系数最大值，可借助结构动力学的方法确定 R_{max} 的大小。

如图 5.20 所示，卸载扰动荷载的形式可表示为升压平台荷载。荷载上升用时 t_1 为矿柱回采或失稳所经历的时间，与矿柱回采或失稳的速度有关。结构动力学中，如 τ 时刻有一时长为 $d\tau$ 的瞬时冲击荷载 $\sigma(\tau)$ 作用

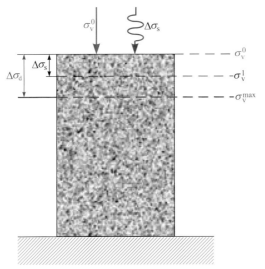

图 5.19　动力作用下矿柱的变形特征

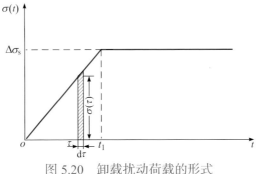

图 5.20　卸载扰动荷载的形式

在静止的线弹性体系上，造成弹性体发生变形，然后开始振动，则经过 $t-\tau$ 后，弹性体因 $\sigma(\tau)$ 而产生的变形量为 $\mathrm{d}y(t,\tau)$。$y(t)$ 为弹性体变形的积分，即 $\int_0^t \mathrm{d}y(t,\tau)$，可表示为杜阿梅尔(Duhamel)卷积公式[11]。

$$y(t)=\int_0^t \frac{A_\mathrm{p}\sigma(\tau)}{m\omega}\sin\frac{2\pi}{T}(t-\tau)\mathrm{d}\tau=\frac{T}{2\pi m}\int_0^t A_\mathrm{p}\sigma(\tau)\sin\frac{2\pi}{T}(t-\tau)\mathrm{d}\tau \quad (5.3)$$

$$\sigma(\tau)=\begin{cases}\Delta\sigma_\mathrm{s}\dfrac{\tau}{t_1}, & \tau<t_1 \\[2mm] \Delta\sigma_\mathrm{s}, & \tau\geqslant t_1\end{cases} \quad (5.4)$$

式中，A_p 为矿柱的横截面积；m 为矿柱的质量；ω 为矿柱的自振频率；T

为矿柱的自振周期。其中，矿柱的质量和自振周期的关系应满足

$$T = 2\pi\sqrt{\frac{m}{k}} \tag{5.5}$$

式中，k 为矿柱的刚度系数。

联立式(5.3)～式(5.5)，可得弹性体在升压平台荷载下的变形，即

$$y(t) = \begin{cases} \dfrac{y_s}{t_1}\left(t - \dfrac{T}{2\pi}\sin\dfrac{2\pi}{T}t\right), & t < t_1 \\[3mm] y_s\left[1 - \dfrac{T}{\pi t_1}\cos\dfrac{2\pi}{T}\left(t - \dfrac{t_1}{2}\right)\sin\dfrac{\pi t_1}{T}\right], & t \geqslant t_1 \end{cases} \tag{5.6}$$

式中，y_s 为矿柱内应力增加 $\Delta\sigma_s$ 时的变形量，$y_s = \Delta\sigma_s \dfrac{A_p}{k}$。

对于线弹性体，变形与产生的内应力成正比，因此有

$$\frac{y(t)_{max}}{y_s} = \frac{\Delta\sigma_d}{\Delta\sigma_s} = R_{max} \tag{5.7}$$

将式(5.6)代入式(5.7)，可得动力放大系数最大值 R_{max} 的求解公式为

$$R_{max} = \max R(t) = \max\begin{bmatrix} \dfrac{1}{t_1}\left(t - \dfrac{T}{2\pi}\sin\dfrac{2\pi}{T}t\right), & t < t_1 \\[3mm] 1 - \dfrac{T}{\pi t_1}\cos\dfrac{2\pi}{T}\left(t - \dfrac{t_1}{2}\right)\sin\dfrac{\pi t_1}{T}, & t \geqslant t_1 \end{bmatrix} \tag{5.8}$$

由式(5.8)可知，当矿柱自振周期 T 一定时，R_{max} 与矿柱回采或失稳时间 t_1 有关。令 t_1 分别等于 0、0.01T、0.5T、1T、2T，所得 $R(t)$ 的曲线如图 5.21 所示，图中 $n=t_1/T$。$t_1=0$ 表示矿柱瞬间失稳，此时动力放大系数为 2；当 $t_1<0.01T$ 时，矿柱的动力放大系数接近于 $t_1=0$ 的情况；当 $t_1>T$ 时，矿柱的动力放大系数为 1，即此时几乎无动力效应。当 $t_1=0.01T\sim T$ 时，矿柱的动力放大系数为 1～2。由此可知，回采或失稳诱发动力的作用效果与矿柱回采或失稳所用的时间紧密相关，时间越长，回采或失稳诱发动力的作用效果越弱。因此，延长矿柱回采或失稳所用时间可以减小回采或失稳诱发动力灾害的风险。

将 R_{max} 代入式(5.2)可得到矿柱回采或失稳后相邻矿柱在回采或失稳诱发动力作用下的最大内应力 σ_v^{max}，并根据 σ_v^{max} 可判断矿柱群在回采或失稳诱发动力的作用下是否会发生连锁失稳灾害。

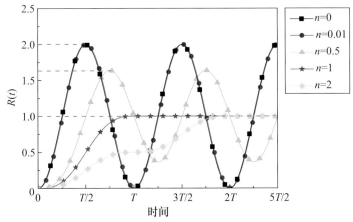

图 5.21　不同回采或失稳时间下矿柱的动力放大系数

式(5.8)计算动力放大系数最大值 R_{max} 时，忽略了矿柱振动时阻尼的影响。而考虑阻尼特性影响时，结构在动力作用下，受迫振动变形 $y(t)$ 的杜阿梅尔卷积公式为[11]

$$y(t) = \frac{1}{m\omega_d} \int_0^t A_p \sigma(\tau) \exp[-\xi\omega(t-\tau)] \sin[\omega_d(t-\tau)] d\tau \qquad (5.9)$$

式中，ξ 为黏滞阻尼比；ω 和 ω_d 分别为体系在无阻尼和有阻尼时的自振频率。

$$\omega_d = \omega\sqrt{1-\xi^2} \qquad (5.10)$$

岩石类材料的黏滞阻尼比 ξ 一般在 0.1 以内，因此 $\omega_d \approx \omega$。

考虑阻尼的影响，将式(5.4)代入式(5.9)，对 τ 积分时，计算过程十分复杂。因矿柱回采或失稳的卸载速度相对于矿柱自振周期足够小，可假设卸载扰动的升压时间 $t_1=0$，即 $\sigma(\tau)$ 始终等于 $\Delta\sigma_s$，则有

$$y(t) = \frac{A_p\Delta\sigma_s}{m\omega^2}\{1 - e^{-\xi\omega t}[\cos(\omega t) + \xi\sin(\omega t)]\} \qquad (5.11)$$

由于

$$\omega = \sqrt{\frac{k}{m}} \qquad (5.12)$$

$$y_s = \frac{A_p\Delta\sigma_s}{k} \qquad (5.13)$$

式(5.11)可简化成

$$y(t) = y_{\mathrm{s}}\{1 - \mathrm{e}^{-\xi\omega t}[\cos(\omega t) + \xi\sin(\omega t)]\} \qquad (5.14)$$

此时，动力放大系数随时间变化，可表示为

$$R(t) = \frac{y(t)}{y_{\mathrm{s}}} = 1 - \mathrm{e}^{-\xi\omega t}[\cos(\omega t) + \xi\sin(\omega t)] \qquad (5.15)$$

式(5.15)可表征考虑阻尼条件下矿柱振动响应的全过程。分别取 $\xi=0$、0.05、0.1、0.15、0.2，绘制动力放大系数曲线，如图 5.22 所示。当 $\xi=0$ 时，即理想的无阻尼系统，动力放大系数的幅值为 2，且不随时间衰减；$\xi \neq 0$ 时，随阻尼比的逐渐增大，$R(t)$ 曲线的最大振幅逐渐减小，振幅随时间衰减的速度也逐渐加快。

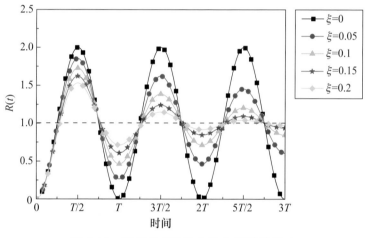

图 5.22　阻尼比 ξ 对动力放大系数的影响

5.3　矿柱回采或失稳诱发动力的扰动及破坏效应

5.3.1　数值模型及模拟步骤

本节根据我国南方某矿的地质及开采条件开展数值模拟研究，分析矿柱回采或失稳诱发动力的扰动及破坏效应。如图 5.23 所示，利用离散元软件 PFC2D 建立长 101m、高 35m 的分析模型，共设置 5 个矿柱，矿柱宽 5m，柱间距 6m，矿柱宽高比为 1。根据该矿某采区地应力情况(埋深约 400m)，设置竖向地应力 σ_y 为 15MPa，侧压系数 λ 取 0.93，水平地应力 σ_x 为 14MPa[12,13]。数值模拟中，采用由平行接触黏结的颗粒集合体模拟岩石，并依据该矿山岩体宏观力学参数，通过参数标定试验获得模型细观参数，具体见表 5.3。

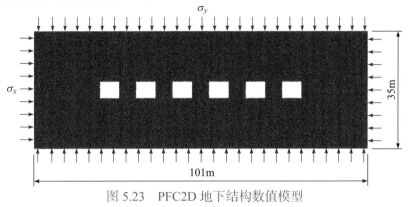

图 5.23 PFC2D 地下结构数值模型

表 5.3 模型细观参数

参数类型	细观参数	数值
颗粒基本参数	密度/(kg/m³)	3220
	最小颗粒半径/m	45×10^{-3}
	最大最小半径比	1.5
	颗粒接触模量/GPa	10
	颗粒法向切向刚度比	4
平行黏结参数	黏结弹性模量/GPa	10
	黏结法向切向刚度比	4
	平行黏结法向强度/MPa	77
	平行黏结切向强度/MPa	38.5

模拟试验中，采用 delete 命令删除模型的中间矿柱，以模拟矿柱的回采或失稳。为分析动力扰动对矿柱群的影响，模拟分为存在回采或失稳诱发动力和不存在诱发动力两种方式。如图 5.24 所示，左侧路线考虑了回采或失稳诱发动力的影响，模拟过程为：对模型施加竖向和水平边界应力，计算至模型稳定后，用 delete 执行回采操作。而右侧的路线不考虑回采或失稳诱发动力的影响，则先执行 delete 回采操作，再对模型施加边界应力。两种方式均计算至地下结构发生整体破坏或达到稳定状

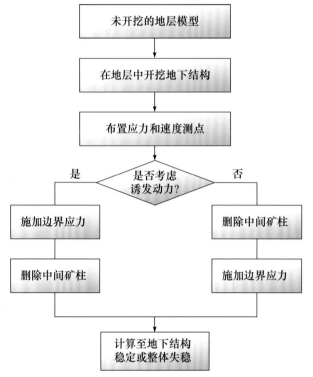

图 5.24　矿柱回采或失稳模拟流程

态。具体步骤如下：

(1) 根据图 5.23 的设计尺寸建立边界墙体，墙体内充填颗粒并设置胶结参数，生成未开挖的地层模型。

(2) 用 delete 命令实现矿柱之间的岩体开挖，形成地下矿柱顶板结构。

(3) 设置应力和速度测点，监测竖直方向的应力和振动。失稳矿柱位于模型中间位置，模型在结构和受力上均具有对称性，因此只在模型的右半区域布置测点，具体位置如图 5.25 所示。

(4) 考虑回采或失稳诱发动力的影响时，先在模型边界施加 15MPa 的垂直地应力和 14MPa 的水平地应力，计算至模型稳定后，删除中间矿柱；不考虑回采或失稳诱发动力的影响时，先删除中间矿柱，再对模型边界施加竖向地应力和水平地应力。

(5) 计算至模型重新稳定或整体失稳的状态。计算时颗粒间的局部阻尼系数设置为常用值 0.157。

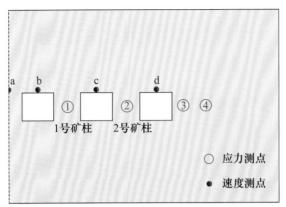

图 5.25　模型右半区域测点布置图

5.3.2　矿柱动力响应的结果分析

在回采或失稳诱发动力作用下，如果相邻矿柱的最大应力超过其临界稳定应力，便会失稳破坏。为获得矿柱动力响应的完整过程，先将表 5.3 中的平行黏结的法向和切向强度修改为足够大，并保证中间矿柱回采后相邻矿柱不发生失稳破坏。

模拟按照考虑回采或失稳诱发动力的路线进行，根据监测结果中 1 号矿柱的变形 $y(t)$ 及矿柱恢复稳定后的变形 y_s，由 $y(t)/y_s$ 计算出模拟中矿柱的动力放大系数 $R(t)$。由模拟的 $y(t)$ 曲线可知，矿柱的自振周期为 $T=0.0597\text{s}$，对应的自振频率为 $\omega=105.22\text{rad/s}$，代入式 (5.15) 可以得到矿柱动力响应的理论计算结果。理论计算结果与数值模拟结果对比如图 5.26 所示。

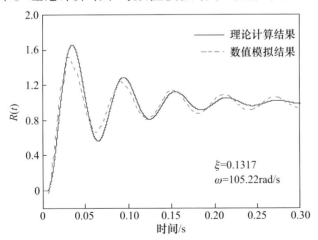

图 5.26　矿柱动力响应的理论计算结果与数值模拟结果对比

从图 5.26 可以看出，考虑阻尼的矿柱动力响应理论计算结果和数值模拟结果基本吻合，表明经过简化的理论模型能够准确计算出矿柱在回采或失稳诱发动力下的响应过程。

5.3.3 卸载波在地下岩体中的传播过程

图 5.27 为矿柱回采或失稳诱发动力引起的地下岩体振动的速度矢量图。可以看出，应力波在 5ms 内传播至两个紧邻的矿柱，10ms 时传播至

(a) t =1ms, v_{max}=6.0m/s

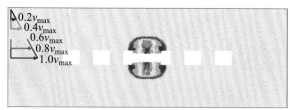
(b) t =2ms, v_{max}=4.8m/s

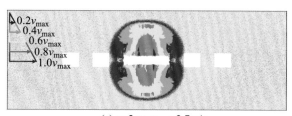
(c) t =5ms, v_{max}=2.7m/s

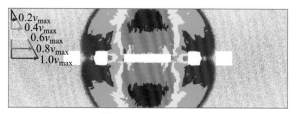
(d) t =10ms, v_{max}=1.2m/s

图 5.27 矿柱回采或失稳诱发动力引起的地下岩体振动的速度矢量图

更远处的两个矿柱上。此外，地下结构中因矿柱失稳诱发的最大振动速度会随时间迅速衰减，如在 10ms 时地下结构中最大振动速度只有 1ms 时的五分之一。

图 5.28 为模型中 a、b、c、d 四个测点的振动速度时程曲线，图中以中间矿柱回采或失稳时刻为计时起点，取各测点向下运动的方向为正。测

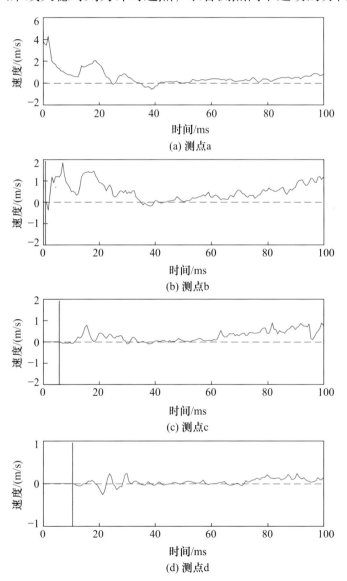

图 5.28　模型上各测点的振动速度时程曲线

点 a 位于回采或失稳矿柱上方，该点的速度在矿柱回采或失稳瞬间增加至 3.9m/s。测点 b 位于回采或失稳矿柱和相邻矿柱间的顶板上，与测点 a 的距离为 5.5m，约在回采或失稳后 0.9ms 开始振动。测点 c 与测点 a 的距离为 16.5m，约在回采或失稳 5.6ms 后开始振动。测点 d 与测点 a 的距离为 27.5m，约在回采或失稳 11.3ms 后开始振动。由此可见，体系中存在由回采或失稳矿柱向四周围岩体传递的卸载波。测点 a、b、c、d 的最大振动速度分别为 4.29m/s、1.85m/s、0.79m/s 和 0.26m/s，说明最大振动速度会随传播距离的增加迅速衰减。

5.3.4 回采或失稳诱发动力对采场稳定性的影响

分析矿柱回采或失稳诱发动力对采场结构稳定性的影响时，图 5.24 中左侧的模拟方案考虑了矿柱回采或失稳诱发动力，而右侧的模拟方案不考虑动力效应的准静态分析。下面将分别从矿柱的竖向应力、岩体的裂隙分布、模型的竖向变形三个方面进行分析。

1. 矿柱的竖向应力

按图 5.24 右侧方案模拟(忽略动力效应)时，各测点的竖向应力变化如图 5.29 所示。可以看出，测点 1 所在矿柱的竖向应力增长了 16.6MPa，增幅最大；测点 2 所在矿柱的竖向应力只增长了 1.8MPa；位于围岩中的测点 3、测点 4 显示围岩的竖向应力在回采前后几乎没有变化。由此可以认为，中间矿柱回采或失稳后，其荷载主要转移到相邻矿柱上。

按图 5.24 左侧方案模拟(考虑动力效应)时，回采中间矿柱后，各测点竖向应力变化如图 5.30 所示。矿柱回采 30ms 后，测点 1 所在矿柱的竖向应力增加至 54MPa，接近预设的矿柱强度，随后测点 1 的竖向应力开始下降，测点 2 的竖向应力开始上升。回采 50ms 后，测点 1 所在矿柱的竖向应力加速下降，测点 2 的竖向应力加速上升。回采 100ms 后，测点 1 所在矿柱的竖向应力降至 10MPa 以下，表明 1 号矿柱基本丧失承载能力。125ms 时，测点 2 所在矿柱的竖向应力达到 61MPa，随后也开始下降；同时测点 3 所在围岩的竖向应力开始上升，表明采场上部荷载开始向两侧围岩转移。150ms 时，上部荷载向围岩更深处转移，引起测点 4 所在围岩的竖向应力上升。200ms 后，测点 3 所在围岩的竖向应力也开始下降，说明边界围岩也已经破坏，矿柱-顶板承载体系出现整体失稳破坏。

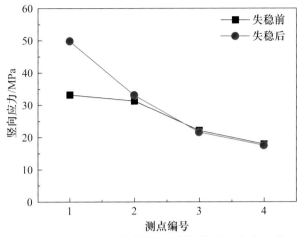

图 5.29　不考虑动力效应时矿柱的竖向应力变化

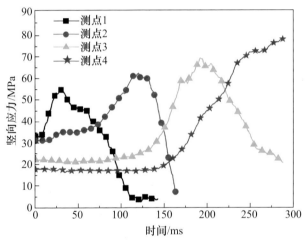

图 5.30　回采或失稳诱发动力作用下矿柱的竖向应力变化

对比图 5.29 和图 5.30 可以看出，中间矿柱回采后，考虑回采或失稳诱发动力作用时，测点 1 所在矿柱所受最大竖向应力大于不考虑动力效应时承受的最大竖向应力。一般来讲，局部矿柱回采直接影响的范围有限，可能仅波及与其直接相邻的矿柱。然而，考虑回采或失稳诱发动力作用时，多种扰动在传播过程中的叠加可能导致破坏范围变大。图 5.30 中，测点 1 所在矿柱因受回采或失稳诱发动力的作用，其所受荷载达到临界应力而造成承载能力的丧失。与此同时，动力扰动传播也造成测点 2 所在矿柱破坏，进而引起更外围的岩体破坏，即短时间内多矿柱连锁失稳造成地下采场结构的整体破坏。

2. 岩体的裂隙分布

不考虑回采或失稳诱发动力效应时，中间矿柱失稳后模型的裂隙分布情况如图 5.31 所示。可以看出，相邻矿柱仅在靠近中间矿柱的一侧出现少量裂隙，矿柱的整体结构并未受到破坏，依然具有承载能力。

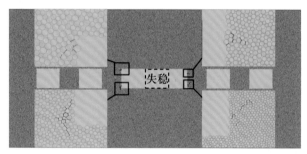

图 5.31　不考虑回采或失稳诱发动力效应时中间矿柱失稳后模型的裂隙分布

考虑回采或失稳诱发动力效应时，中间矿柱失稳会产生失稳诱发动力，采场破坏过程中模型裂隙演化规律如图 5.32 所示。矿柱回采或失稳后25ms，相邻矿柱一侧开始出现裂隙。矿柱回采或失稳后 50ms，两相邻矿

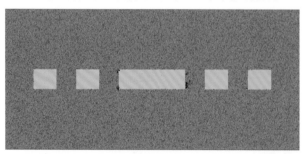

(a) 25ms

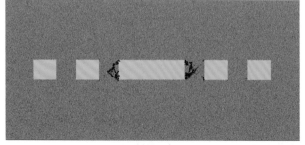

(b) 50ms

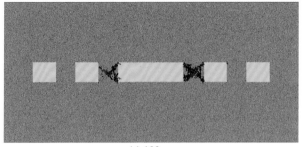

(c) 100ms

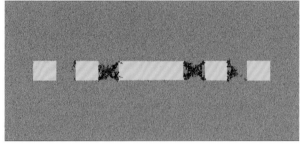

(d) 125ms

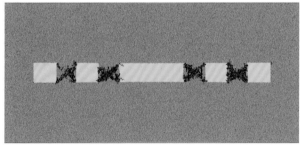

(e) 150ms

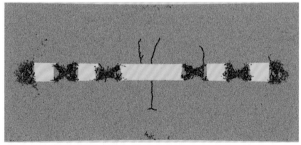

(f) 225ms

图 5.32　考虑回采或失稳诱发动力效应时模型裂隙演化规律

柱初步形成贯通的 X 形剪切带。矿柱回采或失稳后 100ms，右侧相邻矿柱 X 形剪切带已经贯通，此时左侧相邻矿柱也贯通了一条剪切带。回采或失稳后 125ms，靠近围岩的两矿柱也开始发生破坏。而回采或失稳后 150ms 时，各矿柱上均已遍布裂隙，采场边界的围岩上也开始有裂隙发育。回采或失稳后 225ms，采场围岩遍布裂隙，模型顶板和底板形成拉伸破裂带，表明采场结构已经发生整体破坏。

3. 模型的竖向变形

图 5.33 给出了不考虑回采或失稳诱发动力效应时模型竖向变形情况。可以看出，矿柱回采后，采场最大竖向位移约为 30mm，表现为顶板下沉和底板鼓起，集中于回采矿柱周围的顶板和底板区域。而因其相邻的矿柱均未丧失承载能力，变形区域主要集中在两相邻矿柱之间，其他区域并未出现明显的变形。

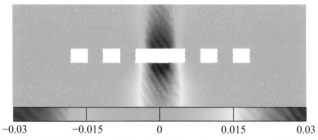

图 5.33　不考虑回采或失稳诱发动力效应时模型竖向变形情况(单位：m)

图 5.34 给出了考虑回采或失稳诱发动力效应时模型竖向变形情况。矿柱回采后 25ms，采场中的最大竖向位移达到 30mm，并集中在回采矿柱周围的顶、底板上，这一现象与不考虑回采或失稳诱发动力效应时的模型变形类似。随后，采场的最大竖向变形继续增加，变形的范围也从回采矿柱向周围岩体扩散。最终矿柱回采 225ms 后，采场结构的最大竖向位移达到 500mm，并且变形范围已经波及整个采场。

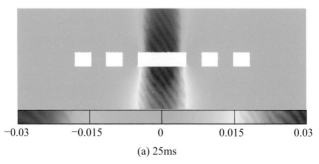

(a) 25ms

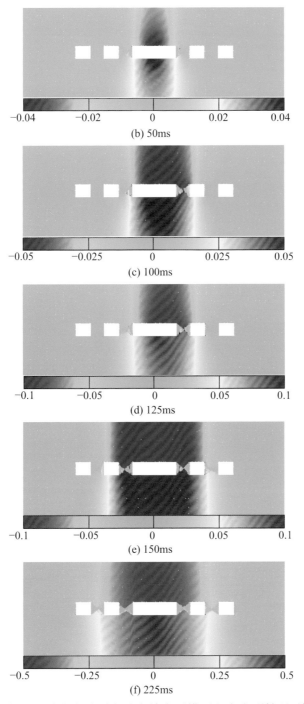

图 5.34　考虑回采或失稳诱发动力效应时模型竖向变形情况(单位：m)

由以上分析可知，当考虑回采或失稳诱发的动力效应时，相邻矿柱和围岩将在动力扰动下出现更大的应力。当不考虑回采或失稳诱发动力效应时，采场结构基本保持稳定；而考虑回采或失稳诱发动力效应后，可能发生一系列的矿柱失稳并最终导致采场结构的整体破坏。

参 考 文 献

[1] 屠世浩, 窦凤金, 万志军, 等. 浅埋房柱式采空区下近距离煤层综采顶板控制技术[J]. 煤炭学报, 2011, 36(3): 366-370.

[2] 魏立科, 张彬, 付兴玉, 等. 房式采空区下特殊岩梁结构支架工作阻力分析[J]. 岩石力学与工程学报, 2015, 34(10): 2142-2147.

[3] Zhu W B, Chen L, Zhou Z L, et al. Failure propagation of pillars and roof in a room and pillar mine induced by longwall mining in the lower seam[J]. Rock Mechanics and Rock Engineering, 2019, 52(4): 1193-1209.

[4] 朱卫兵, 许家林, 陈璐, 等. 浅埋近距离煤层开采房式煤柱群动态失稳致灾机制[J]. 煤炭学报, 2019, 44(2): 358-366.

[5] 李浩荡, 杨汉宏, 张斌, 等. 浅埋房式采空区集中煤柱下综采动载控制研究[J]. 煤炭学报, 2015, 40(S1): 6-11.

[6] Chen L, Zhou Z L, Zang C W, et al. Failure pattern of large-scale goaf collapse and a controlled roof caving method used in gypsum mine[J]. Geomechanics and Engineering, 2019, 18(4): 449-457.

[7] Fakhimi A, Carvalho F, Ishida T, et al. Simulation of failure around a circular opening in rock[J]. International Journal of Rock Mechanics and Mining Sciences, 2002, 39(4): 507-515.

[8] Kim H M, Rutqvist J, Jeong J H, et al. Characterizing excavation damaged zone and stability of pressurized lined rock caverns for underground compressed air energy storage[J]. Rock Mechanics and Rock Engineering, 2013, 46(5): 1113-1124.

[9] Read R S. 20 years of excavation response studies at AECL's Underground Research Laboratory[J]. International Journal of Rock Mechanics and Mining Sciences, 2004, 41(8): 1251-1275.

[10] Zhou Z L, Zhao Y, Cao W Z, et al. Dynamic response of pillar workings induced by sudden pillar recovery[J]. Rock Mechanics and Rock Engineering, 2018, 51(10): 3075-3090.

[11] 克拉夫 R, 彭津 J. 结构动力学[M]. 2 版. 王光远, 等译. 北京: 高等教育出版社, 2006.

[12] Yao J R, Chun D M, Li X B. Numerical simulation of optimum mining design for high stress hard-rock deposit based on inducing fracturing mechanism[J]. Transactions of Nonferrous Metals Society of China, 2012, 22(9): 2241-2247.

[13] 李文成, 马春德, 李凯, 等. 贵州开阳磷矿三维地应力场测量及分布规律研究[J]. 采矿技术, 2010, 10(5): 31-33.

第6章　矿柱群连续倒塌的风险分析与评估

以矿柱为主要支撑结构的地下采场,其外部环境往往十分复杂,且随着时间推移,矿柱承载能力逐渐弱化,部分矿柱会发生失稳并诱发荷载重分布,进而对矿区的整体稳定性造成影响。然而,影响矿柱承载能力的因素较多[1],对其进行定量的稳定性分析难度大。因此,本章考虑矿柱失稳后的荷载传递现象构建矿柱群连续倒塌的算法模型,并基于矿柱强度多元概率分布分析矿柱群的可靠性,最后引入灾害风险评估方法,建立风险指标对矿柱群坍塌开展风险评估。

6.1　考虑荷载传递的矿柱群连续倒塌模型

6.1.1　分析模型

采空区矿柱群系统中,当局部矿柱因承载能力的弱化或受外部荷载扰动而发生破坏时,其所承担的荷载将转移到相邻矿柱,易造成相邻矿柱因外部荷载的突然增加而发生失稳破坏,进而诱发矿柱群的过载失稳,产生"多米诺骨牌"效应式的矿区坍塌灾害。基于此类灾害的失稳机理,建立如图6.1所示的矿柱-顶板承载体系的简化分析模型,将矿柱简化为节点,

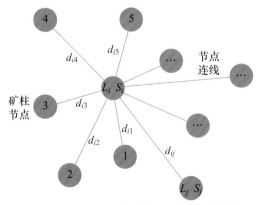

图 6.1　矿柱-顶板承载体系的简化分析模型

各节点赋予相应的空间坐标(x_i, y_i)、强度S_i、荷载L_i；矿柱间的顶板简化为线条，用线条的长度d_{ij}来表征矿柱间距，并规定各节点(矿柱)均能通过线条(顶板)相互联系。其中节点为一个可容纳荷载的容器，矿柱失稳后，对应节点的荷载流出，并通过线条流入相邻节点，且重新计算各节点的荷载。

　　某个矿柱失稳后，荷载流出，节点i流出的荷载量为

$$\sigma_{i,\text{out}} = \sigma_{ip} - \sigma_{ic} \tag{6.1}$$

式中，σ_{ip}为矿柱i的工作应力；σ_{ic}为矿柱i的残余应力。

　　在荷载最大传递距离范围内，节点j流入的荷载量为

$$\sigma_{j,\text{in}} = \sigma_{i,\text{out}}\text{LTR}_{ij} \tag{6.2}$$

式中，LTR_{ij}为与距离d_{ij}相关的函数。

$$\text{LTR}_{ij} = A - BC^{d_{ij}} \tag{6.3}$$

$$d_{ij} = \sqrt{(x_i - x_j)^2 + (y_i - y_j)^2} \tag{6.4}$$

　　矿柱i失稳后，删除节点i以及与节点i相连的线条，当网络中节点个数小于总个数的50%时，即认为矿柱群发生连锁失稳。

　　传统的矿柱群失稳分析模型中，往往忽略了失稳过程中各矿柱荷载的重分布，导致分析结果不能准确反映失稳范围。本模型将矿柱视为节点，顶板视为连接线条，形成相互联系的网络系统，因而矿柱节点并不孤立存在，删除任一节点均会对整个网络产生不同程度的影响。

6.1.2　模型算法与实现流程

　　图 6.1 所示的矿柱-顶板承载体系的简化模型中，首先需根据实际工况条件确定矿柱失稳荷载传递率的空间分布参数，然后以矿柱储备强度$\sigma_{\text{m}} - \sigma_{\text{c}}$(或矿柱安全系数)作为矿柱失稳的判别条件，当矿柱储备强度小于 0 时，判定矿柱失稳。在程序上构建多次循环迭代计算，每一轮的迭代过程中，计算所有矿柱的安全系数，并按矿柱失稳荷载传递率的规则，对本轮迭代中储备强度小于 0 的矿柱进行荷载的传递(流出)，并进入下一轮迭代，直到某一轮迭代中所有剩余矿柱储备强度均不小于 0,迭代终止,

矿柱系统达到最终的稳定状态，此时储备强度大于 0 的矿柱为最终稳定的矿柱。或所有矿柱储备强度均小于 0，迭代终止，所有矿柱均失稳。算法流程如图 6.2 所示。

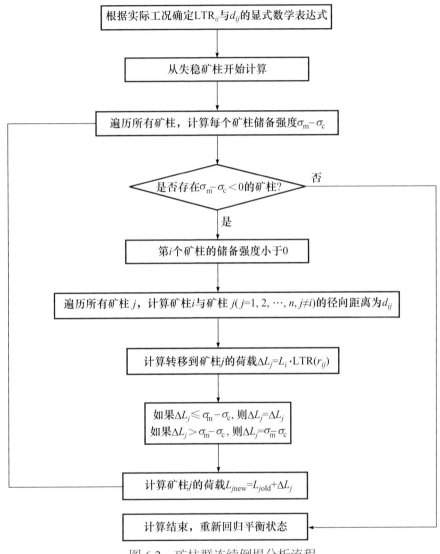

图 6.2　矿柱群连续倒塌分析流程

6.1.3　模型应用案例分析

以某石膏矿区坍塌灾害为工程背景[2]，应用 6.1.2 节模型进行矿柱群连锁失稳分析。该矿所采矿体倾角为 0～5°，采空区埋深为 250m。

采用房柱法开采,设计的矿柱截面为正方形,矿柱宽度为 6m,矿柱之间的矿房宽度为 8m,但因爆破开采等原因,最终形成的矿柱形状各异。经过多年开采,已经形成面积约 20 万 m² 的采空区。采空区范围内,地表地势平坦,从地表向下 10m 范围内为风化土,10~50m 为大理岩,50~350m 为白云质灰岩,上覆岩体平均密度为 2800kg/m³,矿体下覆岩层为坚硬的花岗岩。图 6.3 为该石膏矿采空区矿柱平面布置图[2]。本节根据矿区资料,建立矿柱-顶板承载体系的简化网络模型,对矿柱群连锁失稳情况进行分析。

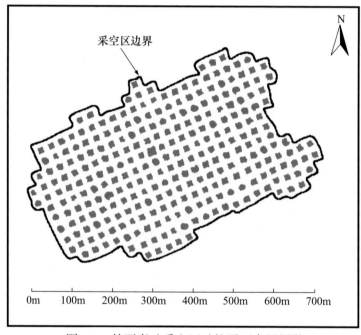

图 6.3 某石膏矿采空区矿柱平面布置图[2]

以该矿开采条件为基本资料生成的泰森多边形如图 6.4 所示。图中矿柱周围线条围成的多边形区域为矿柱所需承载的顶板面积。通过计算获得矿柱群初始安全系数的分布及统计信息,如图 6.5 所示。

由第 4 章可知,矿柱失稳荷载传递与矿区工况条件(如开挖率、矿柱宽高比、顶板弹性模量、采空区空间跨度等)有关。针对该石膏矿的工况,结合数值分析获得矿柱失稳荷载传递率与传递距离的拟合关系,如图 6.6 所示,参数 A、B、C 的取值分别为 -0.10895、-210.52162、0.91917。

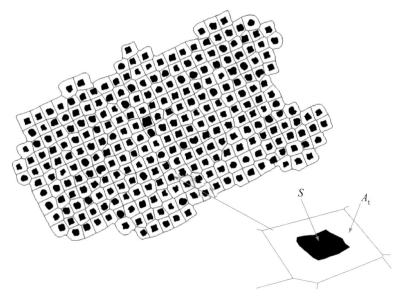

图 6.4　矿柱荷载计算的泰森多边形

依据图 6.2 的模型流程进行分析,可得矿区 279 个矿柱中能够诱发整体失稳的矿柱个数为 14。现分别以 98 号矿柱(会诱发连锁失稳)和 150 号矿柱(不会诱发连锁失稳)为例,展示迭代过程中矿柱的失稳情况。

98 号矿柱失稳诱发的矿柱群连锁失稳过程如图 6.7 所示。图中数字代表相应矿柱的安全系数,绿色标记代表矿柱处于安全状态,红色标记代表矿柱已经失稳。

150 号矿柱失稳后矿区矿柱群的失稳响应过程如图 6.8 所示。从第 2 步到第 3 步,红色矿柱周围的矿柱安全系数下降,但仍然大于 1.0,矿柱群没有发生连锁失稳现象。

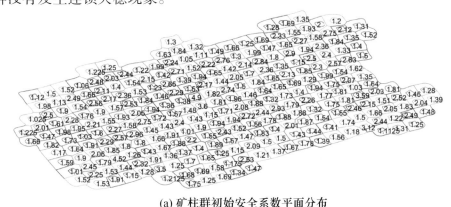

(a) 矿柱群初始安全系数平面分布

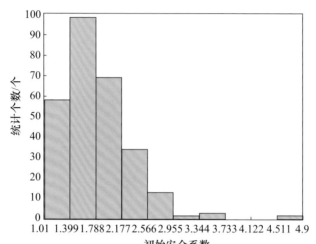

(b) 矿柱群初始安全系数统计分布

图 6.5　矿柱群初始安全系数

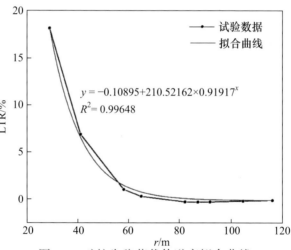

$$y = -0.10895 + 210.52162 \times 0.91917^x$$
$$R^2 = 0.99648$$

图 6.6　矿柱失稳荷载传递率拟合曲线

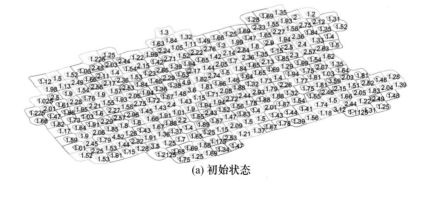

(a) 初始状态

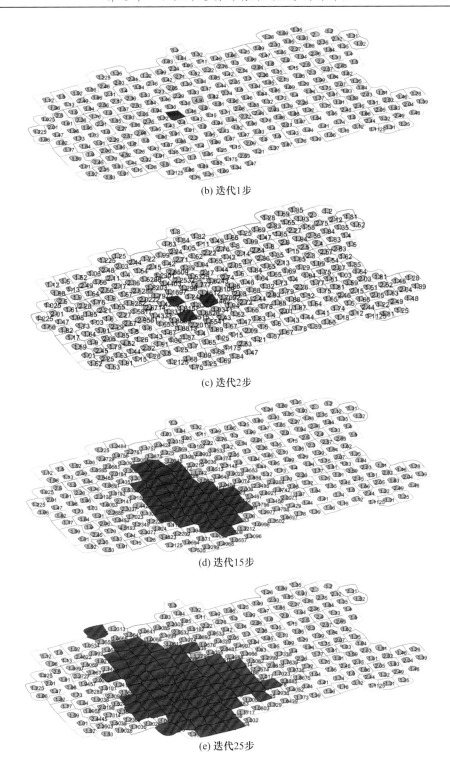

(b) 迭代1步

(c) 迭代2步

(d) 迭代15步

(e) 迭代25步

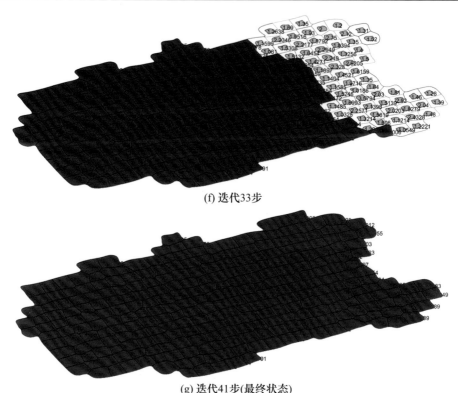

(f) 迭代33步

(g) 迭代41步(最终状态)

图 6.7　98 号矿柱失稳诱发的矿柱群连锁失稳过程

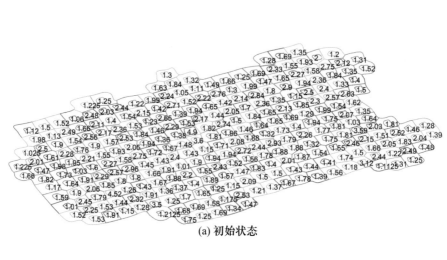

(a) 初始状态

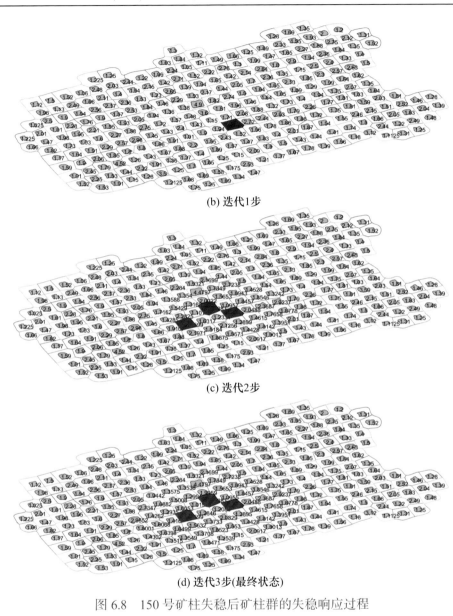

(b) 迭代1步

(c) 迭代2步

(d) 迭代3步(最终状态)

图 6.8　150 号矿柱失稳后矿柱群的失稳响应过程

6.2　考虑连续倒塌效应的矿柱群可靠性分析

6.2.1　考虑荷载传递的矿柱可靠性分析

矿柱群稳定性分析时，一般选用安全系数法评估矿柱是否稳定，但计算矿柱的安全系数需确定矿柱所受应力及其强度。而受地下水侵蚀、不均匀风化、开挖爆破扰动、节理裂隙的影响,矿柱强度往往难以确定[3-5]。因此,矿柱的安全系数常具有不确定性,用矿柱安全系数评估矿柱的稳定性时常出现较大差异。例如,某矿区矿柱稳定性调查表明,部分安全系数远大于 1.0 的矿柱存在破坏情况,部分矿柱安全系数较小,但稳定性却较好[6]。通过详尽的地质调查,能在一定程度上克服安全系数法的此类缺点,但无法从根本上解决安全系数不确定性对矿区设计、施工和评价的影响。而结合可靠性理论,能够综合考虑影响因素的复杂性和不确定性等特征,从而对矿柱群进行科学的稳定性分析和评价。通常可假设处于同一采深位置附近的地应力分布相对均匀,因此现有方法能够较准确地估算各矿柱所承担的荷载。本节采用不同的强度分布函数研究采场矿柱强度的分布规律。一般来说,正态分布、截尾正态分布和对数正态分布是分析工程物理属性常用的概率分布函数。基于此,图 6.9 给出了计算所得的矿柱强度的概率密度分布。可以看出,用正态分布描述矿柱强度的分布时,受矿柱强度物理属性的影响,包含了无实际物理意义的负值区,因而高估了矿柱的失稳概率。采用截尾正态分布描述时,截断值的设置依赖于大量矿柱强度的实测数据[7]。而对数正态分布在非负值物理参数不确定性问题的研究中应用范围广、适用性强,且多数岩土体的力学参数均能较好地用其进行概率描述[1]。因此,本节采用对数正态分布描述矿柱强度概率分布。

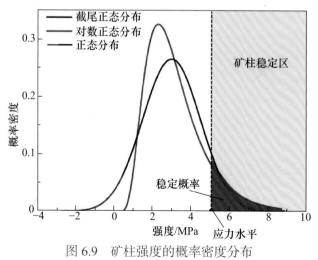

图 6.9　矿柱强度的概率密度分布

由矿柱失稳准则可知，当矿柱应力大于强度时，该矿柱处于失稳状态，此时概率密度曲线与横坐标围成的面积即为矿柱失稳的概率[8]。单矿柱的失稳概率可表示为

$$
\begin{aligned}
P_{\mathrm{f}i} &= P\left(\sigma_{\mathrm{p}i} < \sigma_i\right) \\
&= \Phi\left(\frac{\ln \sigma_i - \mu_{\ln \sigma_{\mathrm{p}i}}}{\delta_{\ln \sigma_{\mathrm{p}i}}}\right) \\
&= \Phi\left(\frac{\ln \sigma_i - \ln \mu_{\sigma_{\mathrm{p}i}} + \dfrac{1}{2}\ln\left(1 + \delta_{\sigma_{\mathrm{p}i}}^2\right)}{\sqrt{\ln\left(1 + \dfrac{\delta_{\sigma_{\mathrm{p}i}}^2}{\mu_{\sigma_{\mathrm{p}i}}^2}\right)}}\right)
\end{aligned}
\tag{6.5}
$$

式中，μ、δ分别为相应对数函数的均值和标准差；Φ为其累积概率密度分布函数。

多矿柱系统中，任一矿柱失稳后荷载溢出均会造成较近矿柱应力的增加，因而各矿柱的失稳概率在矿柱连续倒塌过程中动态变化。如图 6.10 所示，以双矿柱情况为例分析荷载转移时矿柱系统的可靠性。双矿柱体系中矿柱 Ⅰ 和矿柱 Ⅱ 的强度均符合对数正态分布，且不同状态下矿柱 Ⅰ 的强度均小于矿柱 Ⅱ ($\sigma_{\mathrm{I}} < \sigma_{\mathrm{II}}$)。当双矿柱体系的应力为 σ 时，矿柱 Ⅰ 和矿柱 Ⅱ 在初始应力条件下的失稳概率为 P_{I} 和 P_{II}，矿柱 Ⅰ 失稳后，矿柱 Ⅱ 的应力增加 ($\Delta\sigma$)，此时其失稳概率为 P_{II}'。根据 σ_{I}、σ_{II} 及 σ 之间的大小关系，双矿柱体系的可靠性评估可分为以下三种情况[9]：

(1) $\sigma_{\mathrm{II}} \geqslant \sigma_{\mathrm{I}} > \sigma$，初始应力条件下，矿柱 Ⅰ 和矿柱 Ⅱ 均处于稳定状态，系统不发生失稳的概率为 $P = 1 - P_{\mathrm{I}}$，系统可靠性情况如图 6.10(a)所示。

(2) $\sigma_{\mathrm{II}} \geqslant \sigma > \sigma_{\mathrm{I}}$，初始应力条件下，矿柱 Ⅰ 失稳而矿柱 Ⅱ 依然保持稳定，系统不发生失稳的概率为 $P = P_{\mathrm{I}}(1 - P_{\mathrm{II}})$，系统可靠性情况如图 6.10(b)所示。矿柱 Ⅰ 的荷载转移至矿柱 Ⅱ，系统的稳定性判断可分为以下两种情况：

① $\sigma + \Delta\sigma < \sigma_{\mathrm{II}}$，应力重分布后矿柱 Ⅱ 处于稳定，系统不发生失稳的概率为 $P = P_{\mathrm{I}}(1 - P_{\mathrm{II}}')$，系统可靠性情况如图 6.10(c)所示。

② $\sigma + \Delta\sigma \geqslant \sigma_{\mathrm{II}}$，应力重分布后矿柱 Ⅱ 失稳，系统发生失稳的概率为

$P = P_{\mathrm{I}}(P'_{\mathrm{II}} - P_{\mathrm{II}})$，系统可靠性情况如图 6.10(d)所示。

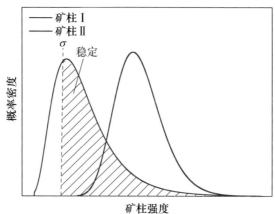

(a) 双矿柱均处于稳定状态

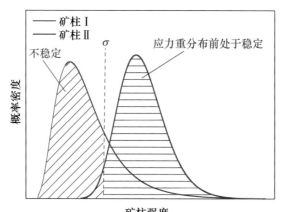

(b) 弱柱失稳而强柱保持稳定

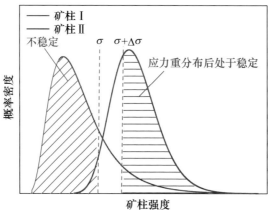

(c) 弱柱失稳，应力重分布后强柱保持稳定

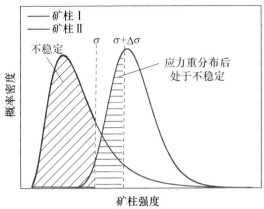

(d) 弱柱失稳，应力重分布后强柱也失稳

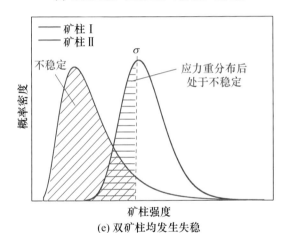

(e) 双矿柱均发生失稳

图 6.10　考虑荷载转移的双矿柱系统可靠性示意图

(3) $\sigma > \sigma_{II} \geqslant \sigma_{I}$，初始应力条件下，矿柱 I 和矿柱 II 均发生失稳，双矿柱系统失稳的概率为 $P = P_{I}P_{II}$，系统可靠性情况如图 6.10(e)所示。

当涉及大规模的矿柱群时，局部矿柱失稳将导致应力重分布，造成矿柱失稳的概率发生动态变化，此时矿柱群可靠性分析更为复杂。但在一定的区域内，各矿岩物理力学参数、赋存环境有一定程度的相似性，因而矿柱强度的波动存在一定的相关性；超出局部区域时，矿柱强度又具有较大的差异性。为此，应考虑变量均值和标准差，用相关系数(ρ)描述矿柱间失稳概率的相互关系。相关系数取值范围为[-1，1]，表示不同变量偏离均值的同步程度。负值相关系数代表变量向相反方向浮动，即有矿柱强度向极大值方向波动而其他矿柱强度向极小值转变。然而，在同一区域范围，矿柱强度往往表现出一定的同步衰减特征，因此相关系数的取值区间为[0，1]。数值 0 表示各矿柱强度不具有相关性，数值 1 表示各矿柱强度同步变化。此时，N 个矿柱的协方差矩阵 $\boldsymbol{C}$ 可表示为

$$\boldsymbol{C} = \begin{bmatrix} \delta_{\sigma_{p1}}^2 & \rho\delta_{\sigma_{p1}}\delta_{\sigma_{p2}} & \rho\delta_{\sigma_{p1}}\delta_{\sigma_{p3}} & \cdots & \rho\delta_{\sigma_{p1}}\delta_{\sigma_{pN}} \\ \rho\delta_{\sigma_{p2}}\delta_{\sigma_{p1}} & \delta_{\sigma_{p2}}^2 & \rho\delta_{\sigma_{p2}}\delta_{\sigma_{p3}} & \cdots & \rho\delta_{\sigma_{p2}}\delta_{\sigma_{pN}} \\ \rho\delta_{\sigma_{p3}}\delta_{\sigma_{p1}} & \rho\delta_{\sigma_{p3}}\delta_{\sigma_{p2}} & \delta_{\sigma_{p3}}^2 & \cdots & \rho\delta_{\sigma_{p3}}\delta_{\sigma_{pN}} \\ \vdots & \vdots & \vdots & & \vdots \\ \rho\delta_{\sigma_{pN}}\delta_{\sigma_{p1}} & \rho\delta_{\sigma_{pN}}\delta_{\sigma_{p2}} & \rho\delta_{\sigma_{pN}}\delta_{\sigma_{p3}} & \cdots & \delta_{\sigma_{pN}}^2 \end{bmatrix} \tag{6.6}$$

式中，$\delta_{\sigma_{pi}}$ 为相应矿柱的标准差。

假设各单矿柱强度服从对数正态分布，则 N 个矿柱强度的联合概率密度函数为

$$f(\boldsymbol{\sigma}_{\mathrm{p}}) = f(\sigma_{\mathrm{p1}}, \sigma_{\mathrm{p2}}, \cdots, \sigma_{\mathrm{p}N})$$

$$= \frac{1}{\sqrt{(2\pi)^N} |\boldsymbol{C}|^{\frac{1}{2}} \prod\limits_{i=1}^{N} \sigma_{\mathrm{p}i}} \exp\left[-\frac{1}{2}\left(\ln\boldsymbol{\sigma}_{\mathrm{p}} - \boldsymbol{\mu}_{\ln\boldsymbol{\sigma}_{\mathrm{p}}}\right)^{\mathrm{T}} \boldsymbol{C}^{-1}\left(\ln\boldsymbol{\sigma}_{\mathrm{p}} - \boldsymbol{\mu}_{\ln\boldsymbol{\sigma}_{\mathrm{p}}}\right)\right] \tag{6.7}$$

式中，$\ln\boldsymbol{\sigma}_{\mathrm{p}}$ 表示向量 $[\ln\sigma_{\mathrm{p1}} \quad \ln\sigma_{\mathrm{p2}} \quad \cdots \quad \ln\sigma_{\mathrm{p}N}]$；$\boldsymbol{\mu}_{\ln\boldsymbol{\sigma}_{\mathrm{p}}}$ 表示向量 $[\mu_{\ln\sigma_{\mathrm{p1}}} \quad \mu_{\ln\sigma_{\mathrm{p2}}} \quad \cdots \quad \mu_{\ln\sigma_{\mathrm{p}N}}]$。

对矿柱强度的联合概率密度函数采样后便得到各矿柱的强度样本值，再利用图 6.2 所示的连续倒塌计算流程遍历所有矿柱，得到矿柱群连续倒塌的概率为

$$P_C = \underbrace{\int \cdots \int}_{N} C(\boldsymbol{\sigma}_{\mathrm{p}}) f(\boldsymbol{\sigma}_{\mathrm{p}}) \mathrm{d}\boldsymbol{\sigma}_{\mathrm{p}} \tag{6.8}$$

$$C(\boldsymbol{\sigma}_{\mathrm{p}}) = \begin{cases} 0, & \text{安全} \\ 1, & \text{失稳} \end{cases} \tag{6.9}$$

式中，$C(\boldsymbol{\sigma}_{\mathrm{p}})$ 为考虑因矿柱失稳造成应力重分布后剩余矿柱群是否发生连续倒塌的特征值，若发生连续倒塌，则 $C(\boldsymbol{\sigma}_{\mathrm{p}})=1$，若矿柱群停止继续失稳，则 $C(\boldsymbol{\sigma}_{\mathrm{p}})=0$。

6.2.2　矿柱强度离散性与矿柱相关性对评估结果的影响

基于可靠度的矿柱稳定分析，需考虑单矿柱岩体参数本质属性的差异和矿柱群中各矿柱强度变化的相关性。可用矿柱强度标准差与均值的比值(COV)表征矿柱强度的离散程度，其无量纲的形式可避免同一标准差对不同矿柱离散程度波动性的影响。COV 越大表示矿柱强度的离散程度越高，通常 COV=0.5 为工程实践的极限值。

某矿区矿柱群可靠性分析时，其连续倒塌失稳概率在不同相关系数和 COV 下的变化规律如图 6.11 所示。当各矿柱相互独立时(即相关系数为 0)，矿柱群的连续倒塌失稳概率随着 COV 的增加而大幅度增加，直至趋近于 1。同一相关系数下，COV 为 0.1 的失稳概率始终接近于 0，而 COV 为 0.2 的失稳概率显著增加但始终低于 0.15。当 COV 超过 0.3 时，矿柱群失稳概率发生阶跃式递增，COV 为 0.5 时失稳概率达到峰值。该结果符合一般工程实践规律：矿柱强度的不确定性描述值会急剧增加模型计算的整体失稳概率。因此，对矿柱群进行可靠性评估前，需开展详尽的地质调查和参数统计，从而提高评判结果的正确性。

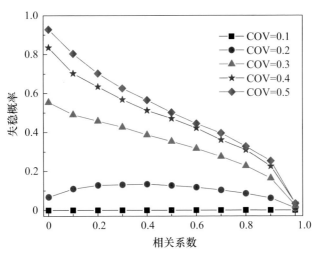

图 6.11　矿柱群连续倒塌失稳概率变化规律

随着相关系数的递增，矿柱群强度演变的独立性逐渐降低，矿柱群的连续倒塌失稳概率也逐步降低。由图 6.11 可以看出，高 COV 值对相关系数的敏感度更高，表现为失稳概率迅速减小，如当 COV=0.5 时，其失稳概率从最高值 0.95 骤减至最低值 0.05。当相关系数为 1 时，各矿柱群的强度在均值附近发生相同程度的衰减，矿柱群连续倒塌失稳概率受 COV 变化影响较小且其值始终低于 0.1。可见相关系数的变化对整体失稳概率的影响程度取决于不确定性的大小或矿岩强度的均质性，高不确定性下受相关系数扰动的失稳概率浮动较大。

在工程实践中，地下水入侵、邻近层开采扰动和区域地质构造等因素均会影响矿柱强度的相关系数。通常，受风化效应或区域地震扰动影响时，矿柱群强度变化相关性较大，可选择用高相关系数评估矿柱群的可靠性，但无疑会高估矿柱群的稳定性。多数情况下，矿柱群先发生局部强度劣化，再逐渐延伸至其他区域，如局部开挖爆破扰动造成的矿柱强度劣化，此类模式对矿柱群整体可靠性影响更大，需要给予更多的关注。

6.3　矿柱群连续倒塌的风险评估

6.3.1　风险及风险值

工程实践中的风险等级划分需综合考虑灾害发生概率(频繁程度)和灾害导致后果的严重程度(灾害程度)[10]。矿柱群连续倒塌的风险评估由以下两方面组成：

(1) 矿柱群连续倒塌的失稳概率计算。

(2) 矿柱群连续倒塌的灾害程度评估。

6.2 节已讨论了失稳概率的计算方法，本节重在量化表征连续倒塌的灾害程度。通常采用风险矩阵在二维层面上同时判别，并对风险等级进行量化。图 6.12 为常见的风险分级方法，其中横坐标延伸方向代表灾害程度从低到高的发展程度或人为可接受程度的量化结果，纵坐标延伸方向代表灾害发生的可能性(即发生概率)。工程中部分灾害的后果极为严重，但其发生概率低，过多地增加防护措施会增加工程成本；而部分灾害经常发生，其单次造成的破坏后果对生产威胁小、经济损失小，但长期成本可能很大。因此，风险矩阵的划分有助于全面考虑各个影响因素并选取合理的风险区间。

图 6.12 所示的风险区间分布呈现上下三角对称的特征。其中低风险

区间多集中在灾害程度指标低且其发生概率低的地方；中等和高风险区间多分布于灾害程度指标高且发生概率高的地方；相同灾害程度在不同发生概率下的风险区间差异性较大；风险评估级别的划分与灾害程度非绝对线性相关，实际上，当其发生概率高于一定值时方可被划分为极高风险区。

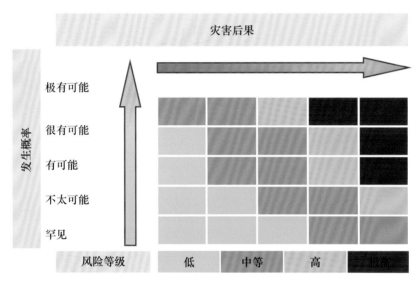

图 6.12　风险分级方法示意图

当各矿柱失稳概率和矿柱群连续倒塌概率已知时，可从两个方面确定其风险等级。

(1) 考虑单矿柱失稳后的灾害程度对整体的影响。

(2) 考虑矿柱群整体连续倒塌的灾害程度对塌陷区域地表的影响。

本节只将单矿柱失稳后对整体矿柱群连续倒塌的影响程度作为风险指标确定的参考数据。矿柱群中，某矿柱以一定概率失稳后，因荷载转移诱发一系列矿柱失稳，则这一矿柱失稳的灾害程度表示为

$$R_i = P_{fi}N_i \tag{6.10}$$

式中，P_{fi} 为矿柱 i 的失稳概率；N_i 为矿柱 i 失稳后考虑荷载转移引起的矿柱失稳个数。

若矿柱 i 失稳后诱发整体矿柱群发生连续倒塌，则矿柱 i 称为失稳诱导矿柱。大部分单矿柱首轮发生失稳后，矿柱群整体上仍处于稳定状

态，即其本身的失稳未诱发剩余矿柱群的连续倒塌，但是能显现出部分危险矿柱，这些危险矿柱中任意一个失稳，极可能诱发新一轮的连续倒塌。因此，可将灾害程度重新定义为任意矿柱失稳后暴露的诱导矿柱比例，即

$$R_i = P_{fi}C_i \qquad (6.11)$$

式中，C_i 为归一化的诱导矿柱比例。

$$C_i = \frac{N_{ti}}{N} \qquad (6.12)$$

式中，N_{ti} 为矿柱 i 首轮失稳后产生的诱导矿柱个数；N 为矿柱群的矿柱总数。若 $C_i=1$，表示矿柱 i 失稳后剩下所有矿柱均会诱导矿柱群连续倒塌，即矿柱 i 本身就为诱导矿柱。

考虑矿柱群中所有单矿柱依次失稳，该矿柱群连续倒塌的风险值表示为

$$R = \sum_{i=1}^{N} P_{fi}C_i \qquad (6.13)$$

上述风险值的含义可解释为首轮破坏矿柱诱发整体矿柱群连续倒塌的事件数，其值越高代表该采空区发生连续倒塌的可能性越大，可作为评估矿柱群连续倒塌风险的判据。通常不同风险区间的风险值可作为判断矿柱群失稳风险的定性指标，但具体风险区间的确定需大量的坍塌统计数据作为支撑。通过计算大量连续倒塌事件的风险值，建立其与灾害程度的关系，进而求出不同风险等级划分的阈值。然而，受采空区赋存条件、室内试验和现场调查数据等因素影响，难以给出采空区矿柱群连续倒塌的风险阈值。

6.3.2　连续倒塌危险区域划分

对矿柱群进行风险评估时，旨在划定薄弱矿柱或高危诱导连续倒塌区域，以指导矿区及时做出相应的补救措施。因此，本节着重评估矿区同一采空区内各矿柱的风险值，计算各矿柱对整体连续倒塌风险值的权重。

$$\lambda_i = \frac{P_{fi}C_i}{R} \qquad (6.14)$$

　　与基于矿柱群整体风险值对连续倒塌风险做判断相比，确定各矿柱的风险权重后更有利于进行局部区域(单矿柱)风险等级的划分，能有效提高危险区域划分的准确性。

　　风险权重可表征某个矿柱失稳的风险程度，因矿柱群中各矿柱的风险权重可能具有较大的离散性，此时难以用 100%分位数表示权重值。为此，参考风险权重的平均值，考虑各矿柱的权重满足以下条件：

$$\sum_{i=1}^{N} \lambda_i = 1 \tag{6.15}$$

　　对某矿区矿柱风险权重进行分析，其结果分布如图 6.13 所示。可以看出，矿柱群的平均风险权重处于 10%分位数。多数矿柱的风险权重位于平均值以下且其风险值接近于 0，部分矿柱的风险权重在平均值附近浮动，部分矿柱的风险权重远超出平均值，其分布极不均匀。通常，稳定的采空区中各矿柱承担的风险值较为均匀，各矿柱对整体的风险贡献值(权重值)较为接近，若所有矿柱的风险权重均在平均值附近波动，说明此矿柱群无局部危险区域；当矿柱的风险权重偏离平均值较多时，代表高风险权重的矿柱分担了更多低风险权重矿柱应当承担的风险。据此，可将平均风险权重作为危险矿柱的风险阈值以划分矿柱群的危险区域。

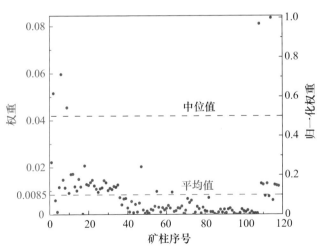

图 6.13　某矿区矿柱风险权重分布(COV=0.5)

可依据平均风险权重判断的方法进行多级阈值分级，本书采用的

四级风险分级方法如图 6.14 所示。先将平均风险权重作为风险阈值区
分高危和低危矿柱，再对风险阈值两侧的风险权重进行二次细分(即确
定二级划分阈值)，从而确定出四个风险区间值。如表 6.1 所示，分级
也可以基于平均风险权重，采取平均值倍数等分法对高风险和低风险
矿柱进行二次分级。

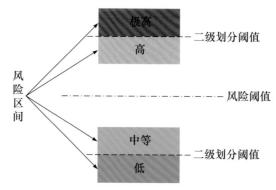

图 6.14　四级风险分级方法示意图

表 6.1　风险指标分级

物理含义	分级区间	风险等级
大于 2 倍平均值	>0.017	极高
平均值~2 倍平均值	0.0085~0.017	高
1/2 平均值~平均值	0.00425~0.0085	中等
小于 1/2 平均值	<0.00425	低

6.3.3　案例应用与适用性

采用本书提出的风险划分模型对某矿区矿柱群进行风险评估。首先
对采空区矿柱群整体连续倒塌事件进行风险评估，划定其危险区域；然
后基于矿区大规模矿柱失稳造成区域性坍塌结果的分析，对比验证此方
法的可行性；最后讨论该风险评估方法的适用性。根据 6.2 节的概率计算
结果，矿柱群的矿柱强度相互独立时(即相关系数为 0)，具有最高的失稳
概率，即此时矿柱群具备极高的连续倒塌风险，故在对矿柱群进行风险
评估时，均假设矿柱间的强度关系是相互独立的。

根据概率计算方法和风险划分指标模型，按照以下步骤进行矿柱群连续倒塌的风险评估：

(1) 确定矿柱群中各矿柱的失稳概率，其中确定矿柱强度 σ_{pi} 和矿柱应力 σ_i 时，在地质工况条件参数详尽时，取变异系数为 0.1；在地质工况条件参数缺乏时，取变异系数为 0.5。

(2) 获取单矿柱失稳后的荷载传递率。

(3) 假设矿柱群中任意矿柱 i 以步骤(1)中的失稳概率失稳，矿柱群中各矿柱应力重分布后，逐一判断剩余矿柱中诱导矿柱的数量，再计算矿柱群中所有矿柱的灾害程度值 C_i。

(4) 计算矿柱群连续倒塌的总风险值和各矿柱的风险权重，得到平均风险权重作为划分高风险/低风险矿柱的风险阈值。

(5) 确定各矿柱的失稳风险等级，并在平面图上标注对应的风险等级颜色，形成风险云图。

1. 局部坍塌案例

图 6.15 为某矿区矿柱群连续倒塌的风险云图，其详细地质资料见文献[11]。通过两种变异系数下矿柱群连续倒塌分析，探索矿柱强度的不确定性对风险评估结果的影响。通常，当矿岩参数比较详细时，COV 值较

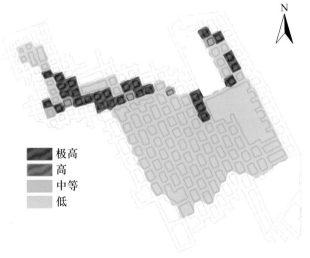

(a) COV=0.1

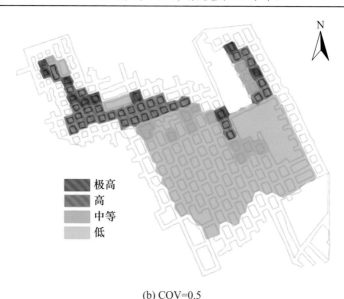

(b) COV=0.5

图 6.15　两种变异系数下某矿区矿柱群连续倒塌的风险云图

小，能较好地预测矿柱强度。对比分析图 6.15(a)和(b)可以看出，当 COV 值较小时，更易识别出矿柱群中极高风险矿柱。而在矿柱强度难以详细调查(COV=0.5)时，可能会过高估计某些稳定矿柱的风险值。

两种变异系数下不同风险等级内矿柱数量对比如图 6.16 所示。可以看出，在 COV=0.1 时，极高风险和低风险两个极端区间内的矿柱数量要大于 COV=0.5 时的矿柱数量，中间两个风险区间的矿柱数量呈现相反趋势。COV=0.1 时高于平均风险权重阈值(即极高风险和高风险)的矿柱数量小于 COV=0.5 时相应的矿柱数量，此外，COV=0.5 时被划分为高风险的矿柱在 COV=0.1 时部分转化为极高风险矿柱。该现象表明低 COV 时风险评估结果更为全面，即更多的高危矿柱将被定位出来；高 COV 时被判定为低风险或中等风险的矿柱，在低 COV 时被判定为中等风险以下的矿柱。由上述分析可知，当缺乏详尽的地质参数，造成矿柱强度不确定性时，该方法能准确评估采空区灾害风险，且其给出的保守结果具有较强的参考作用，表明该方法在采空区的风险评估中具有很好的实用价值。

另外，图 6.15 所示的风险评估结果也体现了矿柱尺寸及空间分布对其风险值的影响。例如，受采空区边界的影响，当 COV=0.1 时，图 6.15 左上角靠近边界的低宽高比矿柱被判定为稳定矿柱，而第二排矿柱相交

处的低宽高比矿柱被判定为极高风险矿柱。分析其原因可知，左上角低
宽高比矿柱附近设置了两个 3 倍尺寸的矿柱，其分担了弱柱失稳后诱发
连续倒塌的风险，因此该区域整体风险较低。且图中多处低风险区域附
近均存在较大尺寸矿柱，说明一定条件下此类矿柱能形成阻挡连续倒塌
的"强柱带"，从而降低风险等级。然而，在矿柱强度离散性较大的情况
下，图 6.15(b)左上角部分高宽比大的矿柱仍具有高风险值。

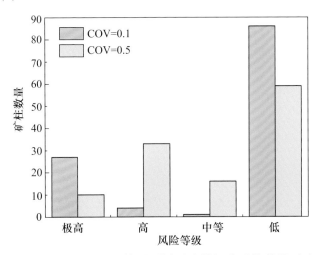

图 6.16   两种变异系数下不同风险等级内矿柱数量对比

2. 区域性大规模坍塌案例

图 6.17 为某矿区矿柱群局部发生坍塌的平面示意图[2]。该矿区煤层
厚度为 3m，掘进时先留出一系列宽 12m 的宽矿柱(宽高比为 4)作为掘进
支撑矿柱，之后采用后退式房柱法开采；回采时将预留的矿柱从中间开
挖 6m 空间，两侧留出宽度为 3m 的支撑矿柱，其宽高比约为 1。当开采
了 9 排掘进矿柱，开挖率达 78%时，发生了大范围矿柱连续坍塌。

根据风险评估方法计算矿柱群连续倒塌风险区域,划分的结果如图 6.18
所示。因缺乏该矿区的有效矿岩参数统计，分析中取 COV=0.5，且认为
矿柱群中各矿柱强度相互独立。整体上，风险评估结果与现场调查的坍
塌区域匹配程度较高，多数极高风险和高风险矿柱分布在实际坍塌区域
内，绝大多数低宽高比矿柱被划分为高风险以上的矿柱。需要指出的是，
该矿柱群内任一矿柱均有诱发连续倒塌的可能性，给出风险评估结果能

清晰识别哪些矿柱具有更高的风险。并非划分为高风险以上的矿柱在灾害发生时一定会失稳，实际的坍塌边界受第一个发生失稳矿柱(即诱导矿柱)位置的影响，且顶板厚度和倒塌的方向也会对坍塌灾害的边界造成一定的影响。此外，本次风险评估中，因缺乏有效的地质资料，认为各矿柱力学参数具有高不确定性(COV=0.5)，其可能会高估某些稳定矿柱的风险值，但基本能涵盖所有极高风险和高风险矿柱的范围。

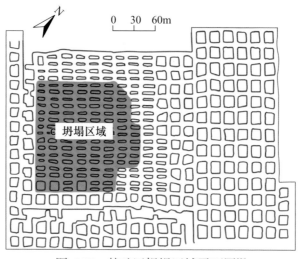

图 6.17　某矿区坍塌区域平面图[2]

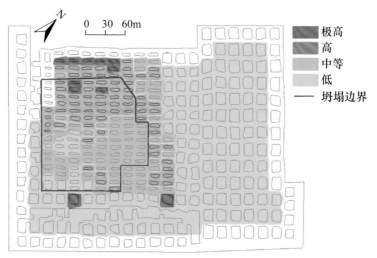

图 6.18　某矿区矿柱群连续倒塌风险云图(COV=0.5)

3. 方法适用性讨论

本节提出的风险评估方法涉及矿柱参数确定、矿柱群连续倒塌概率估算、风险分级等步骤，且评估过程中涉及一些假设和简化，该方法在评估应用中可能存在一定的不足，为提高评估结果的准确性，针对不同采空区条件，可对风险评估方法及考虑因素做相应调整。实际使用该方法时需考虑如下因素。

1) 矿柱应力问题

矿柱失稳概率分析时，假设区域内矿柱应力变化不大，因而忽略了矿柱应力离散性对结果的影响。实际上，复杂地质构造或深埋等条件下，矿柱群中各矿柱应力可能具有较大差异。此时，矿柱应力不变的假定可能导致评估结果存在一定的偏差。当各矿柱应力变化较大时，矿柱失稳概率的计算需同时考虑矿柱强度概率分布和矿柱应力概率分布的影响。

2) 矿柱强度不稳定时矿柱失稳荷载传递率问题

风险评估时，矿柱失稳荷载传递率基于各矿柱的均值强度获得，而受 COV 的影响，矿柱强度多元分布中，强度值会在均值附近波动。虽然 4.3 节对矿柱失稳荷载传递率进行曲线拟合时，已经考虑了强度小幅波动的情况，但在矿柱强度不确定性高(高 COV)的条件下，可能会出现超出波动极限的强度增减，其对矿柱失稳荷载传递率的影响需要更多研究。

3) 局部矿柱失稳时的应用问题

矿柱群系统大规模失稳评估与分级时，以局部失稳矿柱的数量占采空区矿柱总数的比例作为灾害程度，更适用于遗留大量矿柱的矿区灾害风险评估。若矿柱群矿柱数量有限，则灾害程度表示为

$$C_i = \frac{A_{1,i}}{A - A_{cr}} \tag{6.16}$$

式中，$A_{1,i}$ 为矿柱 i 失稳后引发的所有失稳矿柱的横截面积总和；A 为初始矿柱群中矿柱的横截面积总和；A_{cr} 为矿柱群临界连续倒塌时矿柱的横截面积总和。

4) 风险结果的应用问题

风险等级划分时需综合考虑灾害发生概率和灾害引起损失的严重程

度，但往往难以确定灾害引起损失的严重程度。例如，矿柱群失稳引起矿区大规模坍塌时，坍塌灾害会造成地表建筑物损坏、田地与林地毁坏、河流水域破坏等其他次生灾害，此类灾害的查证、核价及社会影响程度均十分复杂。本书提出的风险评估和分级结果仅考虑了技术因素，未全面考虑灾害带来的经济损失和社会影响等问题，因此使用本书提出的方法进行采空区风险评估时，建议增加对次生灾害及后果的考虑。

参 考 文 献

[1] 宋卫东，曹帅，付建新，等. 矿柱稳定性影响因素敏感性分析及其应用研究[J]. 岩土力学，2014, 35(S1): 271-277.

[2] Chase F E, Zipf R K, Mark C. The massive collapse of coal pillars – case histories from the United States[C]//Proceedings of the 13th International Conference on Ground Control in Mining, Morgantown, 1994: 69-80.

[3] 周子龙，王亦凡，柯昌涛. "多米诺骨牌"破坏现象下的矿柱群系统可靠度评价[J]. 黄金科学技术，2018, 26(6): 729-735.

[4] Zhou Z L, Cai X, Li X B, et al. Dynamic response and energy evolution of sandstone under coupled static-dynamic compression: Insights from experimental study into deep rock engineering applications[J]. Rock Mechanics and Rock Engineering, 2020, 53(3):1305-1331.

[5] 李夕兵，黄麟淇，周健，等. 硬岩矿山开采技术回顾与展望[J]. 中国有色金属学报，2019, 29(9): 1828-1847.

[6] Esterhuizen G S, Dolinar D R, Ellenberger J L. Pillar strength in underground stone mines in the United States[J]. International Journal of Rock Mechanics and Mining Sciences, 2011, 48(1): 42-50.

[7] Jiang S H, Huang J S. Efficient slope reliability analysis at low-probability levels in spatially variable soils[J]. Computers and Geotechnics, 2016, 75: 18-27.

[8] Huang J S, Kelly R, Li D, et al. Updating reliability of single piles and pile groups by load tests[J]. Computers and Geotechnics, 2016, 73: 221-230.

[9] Zhou Z L, Zang H Z, Cao W Z, et al. Risk assessment for the cascading failure of underground pillar sections considering interaction between pillars[J]. International Journal of Rock Mechanics and Mining Sciences, 2019, 124: 104142.

[10] 蒋水华，杨建华，姚池，等. 考虑土体参数空间变异性边坡失稳风险定量评估[J]. 工程力学，2018, 35(1): 136-147.

[11] Al Heib M, Duval C, Theoleyre F, et al. Analysis of the historical collapse of an abandoned underground chalk mine in 1961 in Clamart (Paris, France)[J]. Bulletin of Engineering Geology and the Environment, 2015, 74(3): 1001-1018.